普通高等教育"十一五"精品规划教材

水利水电工程 CAD技术

陈敏林　编著

内 容 提 要

本书为高等学校水利水电专业计算机辅助设计的通用教材，基本内容是基于目前流行的图形支撑软件AutoCAD系统之上，结合水利水电工程中建筑物的结构及构造设计要求，较为全面地讲授计算机绘图技术的基本应用知识。

本书除适用于为水利水电工程专业“计算机辅助设计基础”课程的教学外，还可供其他水利水电工程类专业师生和工程技术人员参考。

图书在版编目（CIP）数据

水利水电工程CAD技术/陈敏林编著．—北京：中国水利水电出版社，2009（2018.8重印）
普通高等教育“十一五”精品规划教材
ISBN 978-7-5084-6110-6

Ⅰ．水… Ⅱ．陈… Ⅲ．①水利工程-计算机辅助设计-应用软件，AutoCAD-高等学校-教材②水利发电工程-计算机辅助设计-应用软件，AutoCAD-高等学校-教材 Ⅳ．TV222.2

中国版本图书馆CIP数据核字（2008）第204581号

书　　名	普通高等教育“十一五”精品规划教材 **水利水电工程CAD技术**
作　　者	陈敏林　编著
出版发行	中国水利水电出版社 （北京市海淀区玉渊潭南路1号D座　100038） 网址：www.waterpub.com.cn E-mail：sales@waterpub.com.cn 电话：（010）68367658（营销中心）
经　　售	北京科水图书销售中心（零售） 电话：（010）88383994、63202643、68545874 全国各地新华书店和相关出版物销售网点
排　　版	中国水利水电出版社微机排版中心
印　　刷	北京市密东印刷有限公司
规　　格	184mm×260mm　16开本　10印张　237千字
版　　次	2009年1月第1版　2018年8月第6次印刷
印　　数	15001—18000册
定　　价	**23.00**元

前言

20世纪80年代以来，计算机技术的普及和发展，给工程设计技术带来了一场史无前例的变革。与此同时，目前我国水利水电建设规模之大，速度之快，创新之多，令世界水利水电同行注目。水利水电工程建设的迅速发展，需要更多的建设人才。为适应计算机时代的发展，作为教师有责任有义务，尽自己所能编写出与时俱进的新教材，以利于学生更好地掌握新知识、新技术，适应新时代的要求。

编者通过近10年来“计算机辅助设计基础”课程的教学实践，对原有的《水利水电工程CAD技术》（武汉大学出版社，2004）教材进行了重新改编，新编教材的主要特色为：

（1）根据计算机辅助绘图技术的特点，对手工绘图和计算机辅助绘图之间的关系及区别做出了全面的解释和说明，明确地阐述了图形界限、绘图单位、绘图比例、打印输出图形的实际比例及图纸比例的表达方式等概念。

（2）基于目前流行的图形支撑软件AutoCAD系统之上，简洁明了、较为全面地讲授计算机绘图技术的基本应用知识，并在第二章的每一节后面附有练习题和思考题，有助于设计者更好地理解和掌握AutoCAD系统的应用技术。

（3）根据水利水电工程设计的特殊要求，增加了在图形绘制过程中，启动AutoCAD系统的计算功能、在线进行数值计算和几何计算的内容，实现了设计者在一个软件环境下进行多种类型工作的目的。

（4）根据水利水电工程设计中图形绘制的复杂性、图形文件交换传阅的经常性和设计报告编写要求的全面性，增加了绘图过程中复杂公式的输入、文字乱码的处理、AutoCAD系统和Microsoft Word文档之间的图形及文字信息的输出与输入传递方法等内容，有助于设计者方便、快捷地进行设计工作。

（5）结合水利水电工程中建筑物的结构及构造设计要求，编写了与水利水电工程中建筑物有关的二维图形和三维图形的绘制示例及详细步骤，以帮助设计者更好地掌握AutoCAD系统的绘图技巧。

本书为水利水电工程专业“计算机辅助设计基础”课程的教学用书。还可供其他水利水电工程类专业师生和工程技术人员参考。

本书在编写的过程中，参考了国内的相关专著与教材，编者在此一并致谢。

由于编者的能力有限，编写过程中难免有疏漏和不妥之处，请同行专家及广大读者不吝赐教，以便纠正和改进。

编 者

2008.11于武汉

目录

第一章　概　　述

第一节　CAD（Computer－Aided Design）简介

计算机辅助设计（简称CAD）是利用计算机高速而精确的计算能力、大容量存储能力和数据处理能力，结合设计者的综合分析、逻辑判断、创造性劳动，进行高质量的工程设计的一种专门的技术手段。计算机辅助设计可以加快工程设计进程，缩短工程设计周期，提高工程设计质量。

在工程设计中，寻找达到预期结果的设计方案具有多样性和优劣性。传统的工程设计，一般是人工综合一个初始方案，进行结构分析，通过对结构分析的结果进行分析，进而改进设计方案，最后提交设计成果。在改进设计方案的工作阶段，由于计算、制图及改图的工作量大，这样许多情况下，只能依靠设计者的经验和设计者对以往成功经验的借鉴，来完善修改设计方案，不免存在着主观性、随意性。而且，由于改进设计方案的工作量大，方案比较周期长，工程设计往往难以达到最优设计方案。因此工程师们希望借助某些技术，来摆脱费时的精度低的手工绘图和繁琐的计算工作。

CAD技术的准确含义，应该是利用计算机去完成在工程设计过程中比较机械、繁琐的工作，如结构受力计算、设计参数优化、文件存储和查询及设计图纸绘制、修改、输出等，辅助完成一项设计工作中的方案建立、计算分析、修改和优化设计参数，以及成果输出等方面的工作。

CAD技术发展主要经历了以下阶段。20世纪50年代末，CAD技术思想的开始起源。20世纪60年代，开始有了极为简单的CAD系统，60年代出现的三维CAD系统只是极为简单的线框式系统。这种初期的线框造型系统只能表达基本的几何信息，不能有效表达几何数据间的拓扑关系。由于缺乏形体的表面信息，CAM（Computer－Aided Manufacturing）及CAE（Computer－Aided Engineering）均无法实现。20世纪70年代，逐步形成以表面模型为特点的自由曲面造型技术，CAD技术主要应用在军用工业，受此项技术的吸引，一些民用主干工业，如汽车业也开始摸索开发一些曲面系统为自己服务，如福特汽车公司、雷诺汽车公司、丰田汽车公司、通用汽车公司等都开发了自己的CAD系统。由于开发经费及经验均不足，其开发出来的软件商品化程度都较低，功能覆盖面和软件水平亦相差较大，但曲面造型系统带来的技术革新，使汽车开发手段比旧的模式有了质的飞跃，新车型开发速度也大幅度提高，许多车型的开发周期由原来的6年缩短到只需约3年。CAD技术给使用者带来了巨大的好处及颇丰的收益。20世纪70年代末至80年代初，美国SDRC公司于1979年发布了世界上第一个完全基于实体造型技术的大型CAD/CAE软件——I－DEAS。由于实体造型技术能够精确表达零件的全部属性，在理论上有助于统一 CAD、CAE、CAM 的模型表达，完全基于实体造型技术日渐成熟，给工程设计带来了惊人的方便性，它代表着未来 CAD 技术的发展方向。但 CAD 系统价格依然令一般企业望而却步，这使得 CAD 技术无法拥有更广阔的市场。20 世纪 80 年代中期至 80 年代末，计算机技术迅猛发展，硬件成本大幅度下降，CAD 技术的硬件平台成本从二十几万美元降到几万美元。一个更加广阔的 CAD 市场完全展开，很多中小型企业也开始有能力使用 CAD 技术。由于他们设计的工作量并不大，零件形状也不复杂，更重要的是他们无力投资大型高档软件，因此他们很自然地把目光投向了中低档的 Pro/E 软件。进入 20 世纪 90 年代，参数化技术变得比较成熟起来，充分体现出其在许多通用件、零部件设计上存在的简便易行的优势。参数化技术的成功应用，使得它在 90 年代前后几乎成为 CAD 业界的标准，许多 CAD 软件厂商纷纷起步追赶。但是技术理论上的认可，并非意味着实践上的可行性，重新开发一套完全参数化的造型系统困难很大，因为这样做意味着必须将软件全部重新改写，何况在参数化技术上并没有完全解决好所有问题。因此 CAD 软件厂商采用的参数化系统基本上都是在原有模型技术的基础上进行局部、小块的修补。考虑到这种“参数化”的不完整性以及需要很长时间的过渡时期，许多 CAD 软件厂商在推出自己的参数化技术以后，均宣传自己是采用复合建模技术，并强调复合建模技术的优越性。一旦所设计的零件形状过于复杂时，面对满屏幕的尺寸数据，如何改变这些尺寸以达到所需要的形状就很不直观；再者，如在设计中，关键形体的拓扑关系发生改变，失去了某些约束的几何特征也会造成系统数据混乱。20 世纪 90 年代中期，CAD 软件厂商以参数化技术为蓝本，提出了一种比参数化技术更为先进的实体造型技术——变量化技术，作为今后的 CAD 技术的开发方向，形成了一整套独特的变量化造型理论及软件开发方法。变量化技术既保持了参数化技术的原有的优点，同时又克服了它的许多不利之处。它的成功应用，为 CAD 技术的发展提供了更大的空间和机遇。

以史为鉴，可知兴衰。CAD 技术基础理论的每次重大进展，无一不带动了 CAD/CAM/CAE 整体技术的提高以及制造手段的更新。技术发展，永无止境。没有一种技术是常青树，CAD 技术一直处于不断的发展与探索之中。正是这种此消彼长的互动与交替，造就了今天 CAD 技术的兴旺与繁荣，促进了工业的高速发展。今天，越来越多的人认识到 CAD 是一种巨大的生产力，不断加入到用户行列之中。CAD 技术的发展伴随着人们对它认识及应用水平的提高，将不断日新月异。

世界上许多国家将 CAD 技术作为现代化工程设计的方法和手段，称为工程设计技术的起飞的“引擎”。CAD 的含义很广，由于 CAD 技术仍处于不断发展的过程中，各行各业的理解都有其片面性，有人认为利用计算机进行科学计算，就是 CAD 技术；或者认为 CAD 技术就是应用计算机绘图。CAD 系统应该支持工程设计过程的各个阶段，即工程设计方案的建立、设计参数的选取和优化，施工详图设计及绘制等。根据工作性质来划分，工程设计过程主要包括两个方面的工作：

（1）规范化、标准化、处理理论明确的工作，这些工作应依靠计算机辅助完成。

（2）新的设计思想、初始设计方案的建立及对设计参数的合理性进行判断等，属于人的创造性劳动，应采用人机紧密结合的交互式方式实现。

计算机辅助设计流程如图 1-1 所示。

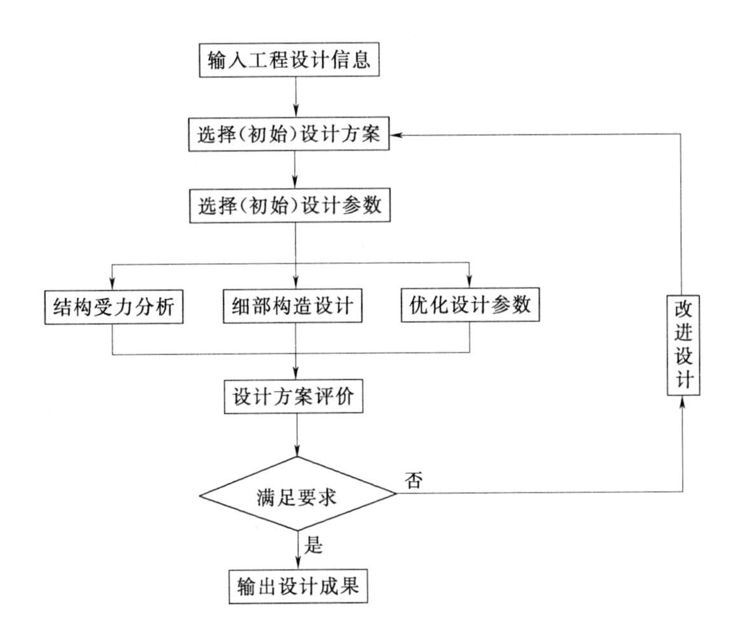

图 1-1 计算机辅助设计流程

计算机辅助（CAD）技术是一种新的现代设计方法，已带来一场新的设计技术的变革。

例如：波音 777 的新设计系统，采用法国达索/IBM 公司的 CATIA 三维设计与仿真系统，使得：

- 设计过程不再用传统的全尺寸实物模型模拟，而采用计算机三维设计系统进行装配仿真；
- 计算机描述整架飞机的外形及有关零件，检测它们是否有干涉；
- 有效的通信网络工具，免去传阅过程，同期评审，加快了设计流程；
- 缩短了设计周期，为设计成果的更改提供基础；
- 节约了设计劳动的支出成本；
- 该辅助设计系统耗资近亿元，及 10 万人时的训练时间。

美国短跑名将刘易斯的钉鞋采用日本 Mijuno 公司的 CAD 系统：

- 建立刘易斯的人体数字模型，重现其脚足和肌肉形状及奔跑时对钉鞋产生的压力；
- 穿着后感觉像赤足奔跑；
- 1988 年刘易斯与 Mijuno 公司签订合同，1991 年试用，在东京世界田径锦标赛上取得 100m/9.86s 的成果；
- 1996 年，在 25 届亚特兰大奥运会上，参加 4×100m 接力赛；

CAD 技术已广泛应用在车辆冲撞模拟分析、动画、广告、服装设计、机械制造、土木建筑、水利水电等行业。

一、CAD 辅助设计系统

CAD 辅助设计系统的组成如图 1-2 所示。

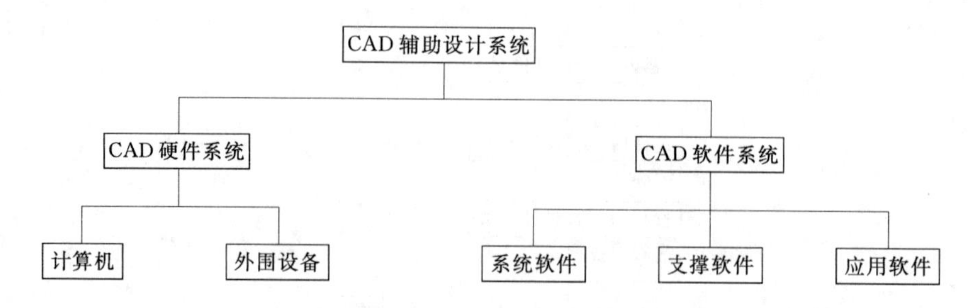

图 1-2 CAD辅助设计系统

二、CAD系统的硬件

20世纪80年代，中型机、小型机（VAX）和工作站（SUN、HP、IBM）为支持CAD/CAM系统的主要硬件。

20世纪90年代，随着微电子技术突破性的发展，个人微机功能的增加、普及以及价格的降低，个人微机及联成网络的高档微型机，已逐步成为CAD硬件的主流。目前个人微机功能的提高主要表现在：

(1) 中央处理单元CPU（Central Processing Unit）的计算速度已达到3.2GHz，中央处理器（CPU）包括运算器和控制器两部分。运算器负责执行指令所规定的算术运算和逻辑运算；控制器负责解释指令，并控制指令的执行顺序，访问（查找）存储器等操作。

(2) 存放程序和数据的器件内存储器性能逐步递增，如金士顿（kingston）内存储器容量达1G左右。

(3) 阴极射线管图形显示器功能；从原来的4色的CGA，发展到现在的1024×768的SVGA和1600×1200的XGA及较高的刷新频率。液晶显示器（Liquid Crystal Display）具有体积小、重量轻、耗电量省、不反光以及无辐射等优点，像素图像越来越精美。

三、CAD系统的软件

CAD系统的软件可分为三个层次。

1. 系统软件（一级软件）

系统软件用以计算机的管理、维护、控制和运行。

(1) 操作系统：如DOS、UNIX、Windows等，用于对计算机系统的资源（硬件、软件）进行管理和控制的程序，是用户与计算机的接口。UNIX是美国斯坦福大学开发出来的工程工作站的操作系统，曾经风靡一时，由于软、硬件的价格昂贵，操作复杂，系统维护困难，配套的应用软件匮乏等，限制了其进一步发展。微软的Windows操作系统已成功地占据了80%以上的计算机市场，Windows系列产品具有良好的用户界面，性能稳定、价格低廉、丰富的应用软件资源，体现着其生气勃勃的生命力，也确立了其操作系统的主流地位。

Windows是一个能够支持输入/输出，内存管理和多任务的管理者，主要由以下三个模块组成：①GDI. EXE，图形设备接口、图形图像输出、调色板管理；②USER. EXE，窗口、图标、光标管理；③KERNAL. EXE，内存管理任务调度。

(2) 语言处理系统：Fortran、C++、BASIC 等多种编程服务程序，常用的数学库，错误诊断，检查程序等。

2. 支撑软件（二级软件）

支撑软件是 CAD 系统的核心软件和开发应用软件的基础。

(1) 几何建模系统：如 SuperSAP、ANSYS 等商用软件，能应用一定的数据结构格式模拟、描述工程结构物的几何模型，通过计算机运算能形成或存储各种所需的计算信息，如三维实体参数，有限元的单元信息、结点信息等。

(2) 图形软件系统：是 CAD 系统重要支撑软件，主要为面向应用的图形程序包，有已经成为国际标准的 GKS、PHIGS；还有以各种图形程序包为基础构成的面向用户交互式图形软件系统，如 AutoCAD、MicroStation。

(3) 计算分析软件系统：CAD 系统应能进行复杂结构的受力分析，包括常规计算、有限单元法计算以及数学规划法的几何模型尺寸优化、设计变量的寻优计算。这是一个不断改进、完善、寻找最优设计方案和最优设计参数的过程。SUPER、ANSYS 等商用软件，除具有几何建模功能，更重要的是它们还是融结构、热、流体、电磁分析等于一体的大型有限元分析系统，可用于机械制造、航天航空、土木工程等方面的科学研究，其产品为工程界广泛接受，是世界上具有权威性的产品之一。

(4) 工程数据库及管理软件系统：能对大量设计信息、计算成果进行存储、查找、加工和处理。还能对设计成果进行评价和分析，如 Visual FoxPro 等。

3. 工程设计应用软件（三级软件）

工程设计应用软件是设计者与 CAD 系统的界面，是用户根据本专业工程设计规范和要求，利用系统软件和支撑软件开发的专用软件。

四、CAD 图形交换及标准化

各 CAD 软件厂商正在大力发展 CAD/CAM/CAE 系统，以降低产品投入市场时间，改进设计质量，来达到提高产品市场竞争力的目的。

每一个 CAD 系统都有自己的数据格式，每一个 CAD 系统自己内部的数据模式一般是不公开的，也各自不同。由于用户使用的需要，就有了数据交换文件的概念出现。图形交换标准为不同工程图形基础软件所生成的图形之间的相互转换及调用提供了方便。

目前，在不同的 CAD 系统中进行产品数据交换主要有两种方法：第一种是直接翻译；第二种通过中性文件进行翻译。在第二种方法中，首先在预处理器里形成中性机制，然后由后处理器接收并转换成 CAD 系统能够识别接受的内部格式。现在应用中性 CAD 格式的有 STEP、IGES（初始的图形交换说明）、DXF 等。

IGES 是应用最广泛的国际标准的数据交换格式，有专门的文件格式要求。

DXF 是 CAD 系统的数据交换格式文件，可以实现不同的 CAD 系统之间的图形格式交换，以及 CAD 系统与高级语言编写的程序的连接。

例如，用 AutoCAD 系统生成的 DWG 文件，为了能在 MicroStation 系统中调用出来，首先应将 AutoCAD 系统生成的 DWG 文件转化为 DXF 格式文件，就可以在 MicroStation 系统中调用出来，并可将 DXF 格式文件转化为 MicroStation 系统能处理的 DGN 文件。

DXF 格式文件是图形数据 ASCⅡ文件，便于阅读及接口程序数据处理。目前已成为世界上不同 CAD 系统之间交换数据的标准。

第二节 水利水电工程 CAD 现状和发展

一、水利水电工程 CAD 现状

20 世纪 70 年代以前，水电专业领域的工程师们只能用算盘和计算尺作为计算工具。用拱冠梁法进行拱坝的设计计算，一般需要半年时间；用圆弧滑动法分析土坝的坝坡稳定，一般一天只能计算一个假设圆弧上土体的安全系数，而要找出最危险的滑动弧，往往要算上数十个甚至上百个圆弧；水电站的调压井，其水位震荡过程，一个人要算上几十天……对于这样的计算效率，当年的工程技术人员都深有体会。在水利水电工程设计中的类似这样繁琐设计计算还可以举出很多，而直至今日，这些计算项目在工程设计中还是必不可少的。工程设计图是工程师的语言和论文，其中复杂、密密麻麻的线条凝结着多少工程技术人员的艰苦劳动，特别在绘制枢纽总平面布置图，牵一线而动全局。在手工绘图的年代，改了一次设计方案就要重新绘制一次图，原来图纸只有作废。所以，从繁琐的计算中解放出来，把更多的精力用于工程的优化，一直是水利水电工程师的愿望。水利水电工程不但需要在分析计算上采用先进的计算手段，更需要在工程绘图上采用计算机辅助绘图（CAD）手段。

我国水利水电工程 CAD 技术开发与研制工作始于 20 世纪 70 年代中期。进入 80 年代，水利水电系统的各大设计研究院在美国原 Calma 公司的 DDM 软件支撑环境下，分工在 Apollo 工作站上开发了水利水电工程的 CAD 软件，如中南勘测设计研究院开发的拱坝 CAD 系统、华东勘测设计研究院开发的重力坝 CAD 系统。

随着个人微型机的迅猛发展，由网络和服务器型计算机构成的客户/服务器结构计算机环境比小型机、中型机更灵活方便，且个人微型机基本上能实现原 Apollo 工作站上开发软件功能，因此一批微机水工 CAD 软件陆续推出。如天津勘测设计研究院的电站厂房 CAD 系统，中南勘测设计研究院的隧洞 CAD 系统等。

由于水利水电工程的多样性，应用条件的千变万化，程序编制者很难一次预见到所有的工程条件，经常要对程序做某种修改，有一个逐步完善的过程。所以目前水利水电工程 CAD 软件存在的问题主要有：输入信息量大、速度慢；人机对话界面复杂，不宜为普通设计人员掌握；可供选择的建筑物类型较少。同时这些开发成果在归属问题上没有明确的说法，各大设计研究院也不愿无偿提供自己开发的软件，所以没有能进行商业化发展，最后只有本院独享。而没有软件的设计院，只有重复开发。但这个过程着实地提高了我们国家的水电工程设计水平。

今天，水利水电工程 CAD 技术开发和应用已使水利水电设计工作发生了根本性变革。目前设计中的计算工作量已基本由计算机完成，设计图纸的绘制已完全告别了手工绘图的图板。

工程制图历来是工程设计中一项耗费大、效率低的工作，实现计算机制图是把设计者从繁琐的重复的劳动中解放出来的有效途径。将各种常用的图形输入计算机形成图形零件库，就可由设计者随时调用，并由计算机控制绘图机绘图，从而大大提高工作效率和绘图质量。因此，计算机辅助图形设计是CAD技术的一个重要组成部分，目前流行的图形支撑软件有：

（1）Autodesk公司推出的AutoCAD系统。

（2）Intergraph公司推出的MicroStation系统。

两大软件系统的功能有：图形的生成、显示和输出，图形的变换和裁剪及二次开发技术等。

AutoCAD是由美国Autodesk公司开发的用于工程设计的基础软件，是目前国内外最为广泛应用的CAD软件。AutoCAD系统可通过键盘和鼠标等来完成绘图工作，它类似于手工绘图所使用的铅笔直尺、圆规、曲线板和橡皮擦，使人们能按自己的设想绘图，只不过这一切都是在计算机里进行罢了。在计算机里将绘图工作完成后，通过绘图仪或打印机输出到图纸或描图纸上，就可以形成工程图纸或平面底图。

所有从事工程设计的人都清楚，许多设计图纸都是在原有图纸的基础上修改得到的。过去人们设计一张图纸时，很多情况下是将原来的图纸进行复印，然后进行拼剪，再用透明胶将粘贴在一块，在此基础上再进行适当的修改、补充和标注尺寸，最后将这份拼接的图纸交给描图员进行描图，可以想象用这种方法设计出的图纸在质量和时间方面的欠缺。如果用AutoCAD系统来进行设计，只需要将原有的图形文件调出来，在屏幕上直接修改，这样速度会快很多。特别是当一个设计有几个方案时，需进行比较，如果手工来绘制，工作量会增大，而用AutoCAD系统处理就非常方便了。虽然AutoCAD系统的二维计算机绘图技术，仅仅只能通过键盘和鼠标绘图，用传统的三视图方法来表达建筑物的结构，以图纸为媒介进行技术交流，但这已经远比手工绘图更快捷、方便了。

AutoCAD和MicroStation两大软件系统各具有特色。MicroStation系统是从小型机工作站移植到微机上的二维、三维交互式图形设计软件包，具有比AutoCAD系统更强大的功能，但由于AutoCAD系统在我国更具有广泛的应用基础，有更多的第三方专业软件和通用软件，所以水利水电部门指定推广使用AutoCAD系统作为主流工程图形基础应用软件。

二、水利水电工程CAD技术的发展方向

水利水电工程是一项功在当代，利在千秋的事业。与其他工程勘测设计部门相比较，水利水电工程勘测设计更具工程的多样性，涉及的学科多，内容广泛，不但计算工作量大，而且是一个工程一个式样，重复性很少，更增加了工程CAD的难度。每一项工程几乎都需要水文、水能、测量、地质、机械、电力等专业的配合，在水工专业内部也需要结构、坝工（土石坝、重力坝、拱坝等）、概预算等专业的合作。

针对水电工程的建设各设计阶段不同的特点，用于各设计阶段的CAD软件侧重点应有不同。

（1）前期勘测规划阶段，CAD软件主要用于收集工程的地形、地质、气象等资料，输入到系统的数据库中，建立数字化的地形地质模型，提供后续设计所需信息。

（2）可行性研究阶段，CAD软件主要用于数据库建立和应用，根据国家政策法规、规划要求及其他工程设计资料，进行可行性设计方案分析论证。

（3）初步设计阶段，CAD软件主要用于几何建模、设计方案的技术经济比较和形成最优设计方案、以进行数值分析计算和结构参数优化。

（4）施工图设计阶段，CAD软件主要用于具体的结构计算分析、施工图绘制，综合协调各专业成果，完成分析、计算、绘图、材料统计、文件报表、概预算等系列工作。

对于前期勘测规划、可行性研究阶段属前期设计阶段，需建立决策分析CAD系统。重点为全局考虑、方案比较及择优、工程总体布置，设计计算、图纸则可粗略一些。决策分析CAD系统的理论基础为线性及非线性规划理论、模糊数学、人工智能方法、专家系统等。

在招标设计和技施设计阶段属后期设计阶段，需建立数值分析计算CAD系统。重点为稳定计算、应力计算、配筋计算绘制施工详图、工程量、材料明细表、概预算等。数值分析计算CAD系统的理论基础为结构分析计算理论、材料力学、结构力学、水力学、有限单元法、数值分析法及计算机图形学等。

三、CAD软件的集成化、标准化、智能化

要形成贯穿水利水电工程设计全过程的CAD集成系统，还需要在以下几方面努力工作：

（1）标准化。开发水工建筑物CAD系统除必须满足相应的设计规范外，应加强建立不同CAD开发平台的上标准CAD图例、符号、标准图库，建立统一的地形、地质CAD接口，统一的工程特性数据库，加强各专业、各地域间的合作，减少重复性低水平开发。

（2）人机界面。一个良好的CAD系统必须有良好的人机界面，采用国际标准的窗口界面，这是提高水工建筑物CAD系统质量的重要任务。良好的人机界面应能增强交互能力，检查输入的合法性，建立标准而直观的水工建筑物图符菜单。

（3）智能化。CAD系统的智能化和专家系统的建立，将能进行模糊分析判断和提高CAD系统决策自动化水平，避免人机对话过多而造成系统运行速度慢且使用不便；并能在设计中进行自动学习，积累、更新设计经验知识。

（4）集成化。一个集成化的CAD系统应有决策能力、几何建模、常规分析计算、大型数值分析、生成设计报告及工程图纸等功能。集成化的CAD系统各部分应有良好的接口，运行效率高，以便设计人员集中精力分析设计方案的优劣、进行方案比较，形成最优设计方案。

（5）参数化设计。使用参数化建库工具，建立工程建筑物图例库，为工程设计提供参考和依据。

（6）多媒体技术应用。多媒体技术有助于CAD系统形成良好的人机界面，直接通过自然语言对话，以驱动系统运行，运用语音提示用户进行实时设计。

第二章　AutoCAD 系统的基本知识

本章主要讲述 AutoCAD 系统基本知识及应用。

1999 年 3 月 Autodesk 公司推出了 AutoCAD 的跨世纪版本——AutoCAD 2000，随后又推出了 AutoCAD 2002、2004 等版本。AutoCAD 200X 系统为用户提供了一个更智能化的二维和三维设计环境及工具，显著提高了用户的设计效率，充分发挥用户的创造能力，辅助用户将理想和构思转化为现实。AutoCAD 200X 系统新特性主要体现在以下几方面。

1. 多文档设计环境

AutoCAD 2000 以前的版本都是单文档设计环境，AutoCAD 2000 首先采用多文档设计环境，用户可以同时打开、编辑和修改多个图形文件，在不同的图形文件或窗口之间实现图形对象的拖放。

2. 对象特性管理窗口

对象特性管理窗口是一个无模式对话框，允许用户直接访问对象和图形的特性，修改和编辑某一对象或某一对象选择集的相应特性。

3. 自动捕捉及自动追踪

提供了更智能化的捕捉和追踪功能。利用自动捕捉及自动追踪功能，用户可以不必借助构造线实现设计和编辑，更全身心地关注设计本身而不是软件本身的命令，还极大地提高了绘图的精度和效率。

4. 标注功能增强

提供了新的标注式样管理器，用于浏览和编辑标注属性。在标注式样管理器中提供了浏览功能，实现标注式样的所见即所得，方便用户设置标注式样。

5. 三维功能增强

AutoCAD 200X 三维实体建模以 ACIS 4.0 为核心，三维绘图功能进一步增强，允许用户借助灵活的体、面、边编辑三维实体，实现面域的移动、旋转、平移、删除；引入了三维动态旋转功能，使三维视图操作和可视化变得十分容易。

6. 方便的注释文本操作

AutoCAD 200X 优化了文字格式和文字式样控制方式，增加了多行文字编辑器功能，使注释文字操作更加便捷。

7. AutoCAD 的设计中心

AutoCAD 的设计中心是一个无模式对话框，类似 Windows 资源管理器，可以方便地访问已有的设计成果，充分利用已有设计资源中设计思想和设计内容，用户可以通过拖放操作，复制一个设计环境中线型、文字式样、标注式样、外部引用等到另一设计环境，避免了大量的重复性工作。

8. 强劲的定制和二次开发功能

AutoCAD 200X 继承了 AutoCAD 一贯的开放性和灵活性，提供了四种开发工具：Visual lisp、VBA、ActiveX 和 ObjectARX，允许用户借助 AutoCAD 200X 平台集成和定制不同领域的设计要求，以适应不同专业用户的特殊需要。

第一节　AutoCAD 系统界面

AutoCAD 的窗口界面主要有 6 部分：①标题条；②下拉菜单及上下文菜单；③标准工具条及其他工具条；④图形窗口；⑤命令及文本窗口；⑥状态条。如图 2－1所示。

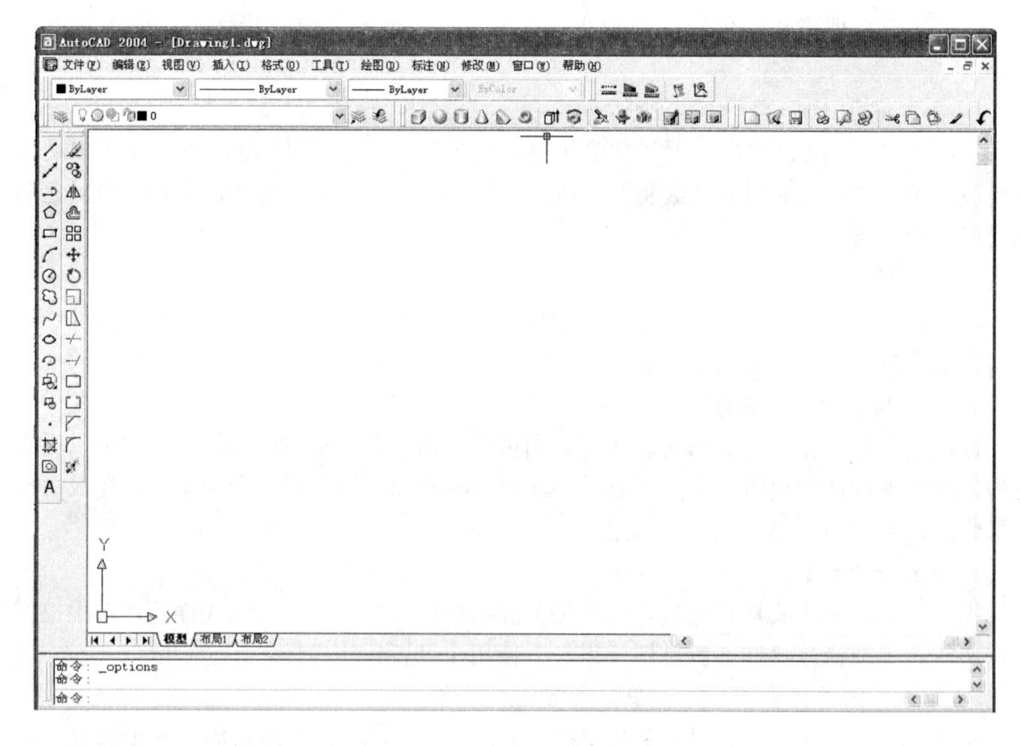

图 2－1　AutoCAD 界面

一、标题条

标题条上显示着当前正在运行的程序名称和当前打开的图形文件名称，以及当前图形窗口的最大化、最小化状态。

二、下拉菜单及上下文菜单

AutoCAD 的窗口界面上有 11 个下拉菜单和由右键弹出的上下文菜单。11 个下拉菜单分别为：

（1）文件（File）：用于进行文件创建、保存、输出、打印等项管理工作。

（2）编辑（Edit）：用于对图形的编辑、修改等操作。

（3）视图（View）：用于对视图进行观察、缩放、移动、改变视图观察视角及屏幕刷新等操作。

（4）插入（Insert）：用于引入 AutoCAD 能够接受的文件，包括图块、外部引用、图片文件等。

（5）格式（Format）：用于 AutoCAD 工作图形中各种宏观的系统设置，定制一些系统变量等。

（6）工具（Tool）：为 AutoCAD 的用户提供各种辅助工具。

（7）绘图（Draw）：提供各种绘制图形对象的绘图工具及命令，如点、直线、弧、圆、椭圆等。

（8）标注（Dimension）：提供各种对象的标注工具及标注格式。

（9）修改（Modify）：用于对图形的复制、镜像、修剪、延伸等编辑操作。

（10）窗口（Windows）：提供对打开的文档进行管理的工具，可以通过水平平铺或垂直平铺设置同时打开多个文档。

（11）帮助（Help）：为用户提供不同途径的帮助和版本信息。

在这 11 个下拉菜单项中，菜单后有…后缀符号，表示可以弹出对话框；菜单后有▶后缀符号，表示有下一级菜单。

将鼠标置于屏幕任意位置，单击右键弹出上下文菜单，如图 2-2 所示。

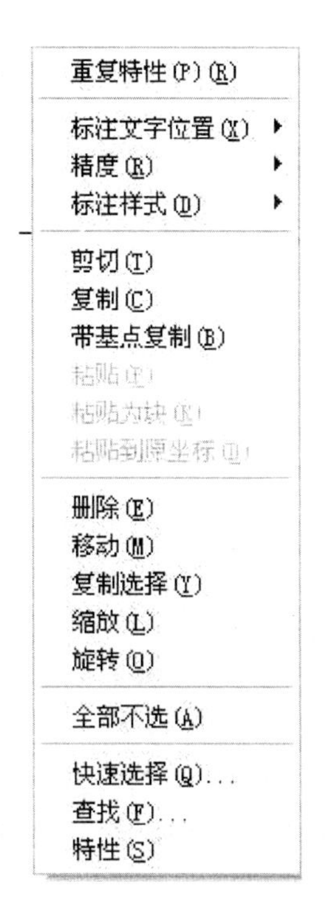

图 2-2　上下文菜单

上下文菜单显示着一些常用的快捷菜单，顶部重复出现前一次使用过的菜单命令，如果在绘图过程中需要重复使用某一命令，可以直接单击鼠标右键，弹出上下文菜单，在其上重复选择前一次使用过的菜单命令。

上下文菜单可以随意地出现在绘图区域中的图形对象旁边，在其上选择菜单命令时，鼠标移动的距离短，可以加快绘图的速度。

三、工具条

在 AutoCAD 的窗口界面增加工具条，可以加入一些常见的图形绘制和编辑处理命令的快捷按钮，AutoCAD 提供了 24 个工具条，以方便用户访问常用命令，设置常用的模式。在下拉菜单中选择："视图"（View）→"工具栏"（Toolbars），弹出"工具栏"（Toolbars）对话框，如图 2-3 所示，在名为"工具栏"的组合框中点选所需要的工具条选项加入到绘图窗口中。凡冠以"√"的选项，将在屏幕上显示其工具条。

常用的工具条有：

（1）标准（Standard）工具条。标准工具条上排列着"新建"、"打开"、"保存"、"撤销"、"实时移动"、"实时缩放"等常用的命令的快捷键，为用户的绘图操作提供方便，如图 2-4 所示。

（2）对象特性（Object Properties）工具条。对象特性工具条显示着当前图层上图形

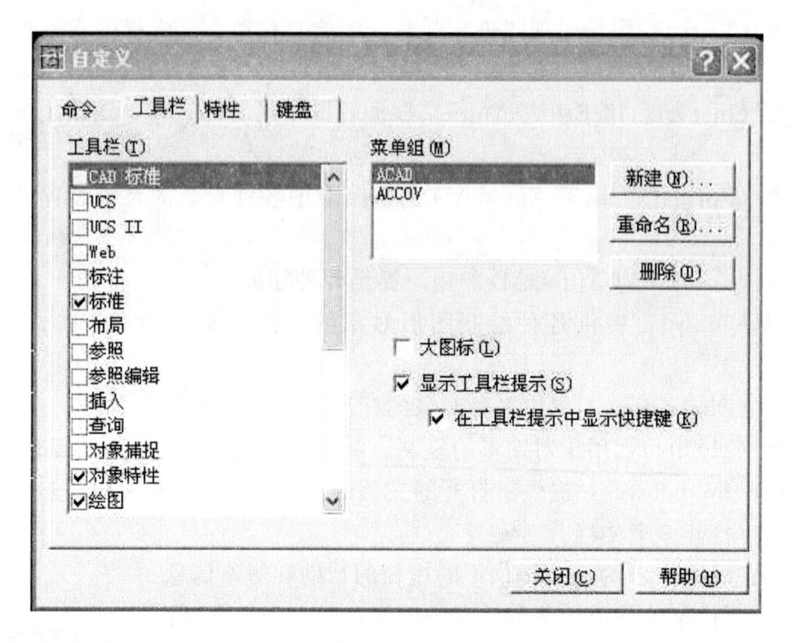

图 2-3　“工具栏”对话框

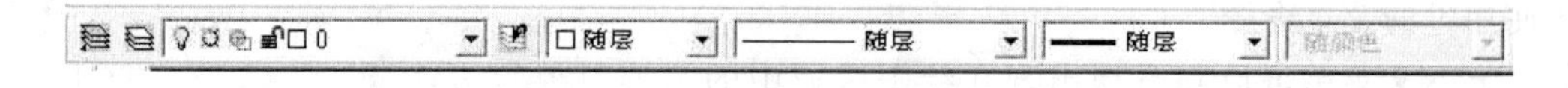

图 2-4　标准工具条

对象的状态和可见性，如图 2-5 所示，如当前图层上对象的颜色、线型和线宽。

图 2-5　对象特性工具条

(3) 修改（Mdifiy）工具条。修改工具条为用户提供了复制、镜像、修剪、延伸等编辑操作的快捷键命令。

(4) 绘制（Draw）工具条。绘制工具条为用户提供绘制直线、圆弧、圆等图形对象的快捷键命令。

(5) 创建快捷键按钮。AutoCAD 的工具条并没有显示所有可用命令，在需要时用户可以自己添加自己常用的工具条。

例如，在默认的绘图工具条中没有“多线”(mline) 命令，用户可以根据自己的需要添加“多线”命令的快捷键按钮到绘图窗口上，以方便选择该绘图命令。添加步骤是：选择“视图”(View) → “工具栏”（Toolbars)，弹出自定义窗口，在自定义窗口上选择“命令”选项卡，在“命令”选项卡的界面上，选中“绘图”选项，右侧窗口显示各种相应的绘图命令，找到“多线”绘图命令，单击鼠标左键将它拖出，可以放到任何已有工具条中，或以单独工具条出现在绘图窗口上，再为新增加的“多线”命令添加图标，此时不要关闭自定义窗口，单击已经拖出来的“多线”命令，自定义窗口弹出“按钮特性”选项卡界面，在界面的右下角里，选择相应的“多线”图标即可。

四、图形窗口

图形窗口是用户绘图的区域，为使绘图区域达到最大，可以选择下拉菜单中的“工具”（Tool）→“选项”（Opions），弹出“选项”（Opions）对话框选择“显示”标签，在“窗口元素”中关闭“图形窗口中显示滚动条”，以获得较大的绘图区域。还可在“命令行窗口中显示的行数”中选择和控制合适的命令行数。

五、命令及文本窗口

打开命令及文本窗口，在下拉菜单中选择“视图”（View）→“显示”（display）→“文本窗口”（text window），或选择键盘中的 F2，可以使命令行窗口扩大化，以查看 AutoCAD 系统命令执行的历史过程。作为相对独立的窗口，文本窗口有自己的滚动条，控制显示按钮等界面元素，也支持单击鼠标右键的快捷菜单操作，在命令提示区输入命令时，字母的大小写都可以。

六、状态条

状态条是用于精确绘图的十分有效的工具，主要有栅格捕捉（SNAP），栅格设置（GIRD），正交模式（ORTHO），对象捕捉（USNAP），极点、极轴跟踪（POLAR），对象捕捉追踪、极轴追踪（OTRACK），线宽显示（LWT）等。

七、文件管理

1. 打开现有的一幅图

在下拉菜单中选择：“文件”（File）→“打开”（Open），或单击标准工具条中的“打开”按钮，弹出“打开文件”对话框，根据需要打开文件的路径，选择文件，单击“确定”按钮即可打开图形文件。

当一个图形文件已经打开，但被其他图形文件覆盖了，用户第二次通过“打开文件”对话框打开该图形文件时，第二次打开的该图形文件只能是只读文件（only read），如图 2-6所示，不能进行修改编辑。

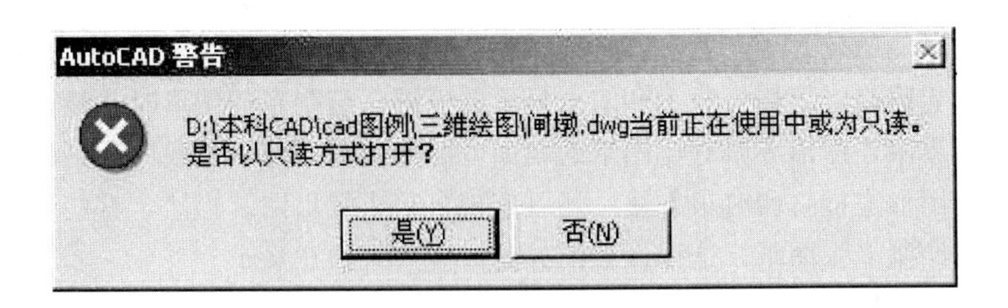

图 2-6 AutoCAD 警告

用户可以设置打开图形文件的的默认位置。AutoCAD 将首次执行“打开”命令时的默认文件位置设定为……\Acad2000\。用户一般喜欢将自己的工作文件放置在自己设定的目录，AutoCAD 系统提供了设置执行“打开”命令时搜索文件位置的选项。单击下拉菜单中的“工具”（Tool）→“选项”（Opions），或在上下文菜单中选择“选项”（Opions），弹出“选项”（Opions）对话框，选择对话框中的“文件”（File）标签，双击“日志文件”（Log File Locatinon）按钮，下面弹出默认打开文件位置的设定为……\Acad2000\。选择该选项，单击右边的“浏览”（Browse）按钮，弹出“浏览文件夹”

对话框，找到用户自己设定的工作文件夹，单击“确定”按钮，下次再进入AutoCAD，系统搜索文件位置即为设定的文件夹位置。

如果误保存覆盖了原图形文件时，及时将后缀为BAK的同名文件改为后缀DWG，再在AutoCAD中打开就行了。这种情况仅限于保存了一次的图形文件，如果图形文件已经保存过多次，原图形文件就无法恢复了。

2. 绘制、新建草图

在下拉菜单中选择“文件”(File) → “新建”(New)，或单击标准工具条中的“新建”按钮，即可打开新的图形窗口，供用户绘制新的图形文件。

3. 文件存储

在下拉菜单中选择“文件”(File) → “保存”(Save)，弹出文件存储对话框，为用户提供选择和确定存储图形文件的路径和文件名。

选择“文件”(File) → “另存”(Save as)，可以将当前文件存储为另一文件名。注意当磁盘的存储容量已满，再在该磁盘上存储文件时，系统会出现警告，如图2-7所示。

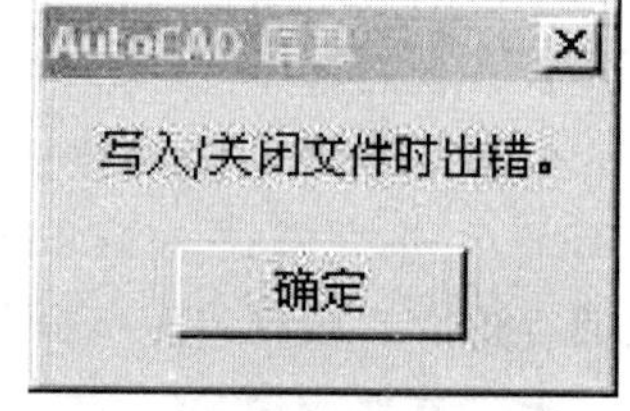

图2-7　AutoCAD信息

八、绘图比例

1. 定义绘图区

选择下拉菜单中的“格式”(Format) → “绘图界限”(Drawing Limits)，在文本窗口出现提示：

指定左下角坐标(specify lower left coner) [on/off] <0.00，0.00>

指定右下角坐标(specify upper right coner) <420.00，297.00>

文本窗口显示的是AutoCAD系统默认状态下的绘图界限，该绘图界限左下角坐标为(0.00，0.00)，右上角坐标为(420.00，297.00)，即为国标图幅标准的A3号图幅。用户可以重新指定左下角坐标或右上角坐标，用以确定新的绘图界限。

图形界限是AutoCAD绘图空间中的一个假想的矩形绘图区域，相当于用户选择的图纸大小。图形界限确定了栅格显示和缩放显示的区域。绘制新的图形时，最好按国标图幅标准设置图形界限。图形界限好比图纸的幅面，图形绘制在图形界限内，一目了然。按图形界限绘制的图形进行打印时很方便，还可实现自动成批出图。当然，有些用户习惯在一个图形文件中绘制多张图纸，这样设置图界就没有太大的意义了。

在文本窗口的提示中有[on/off]选择。其中“开”(on)表示打开图形界限检查。当界限检查打开时，AutoCAD将会拒绝输入位于图形界限外部的点。但是注意，因为界限检查只检测输入点，所以图形对象的某些部分还是可以延伸绘制出界限之外。“关”(off)表示关闭图形界限检查，用户可以在图形界限之外绘图，这是默认的设置。

2. 绘图比例

手工绘图时，图幅的大小是固定的，绘图时首先按预先计算好的缩放比例，将结构模型绘制在图纸上。但在AutoCAD的环境下绘图时，电子屏幕是无限的，用户不必再缩放图形，宜按结构模型的原形尺寸1∶1比例建立模型绘图，以便于尺寸的自动标注。绘图过程中可以通过放大或缩小显示，来控制图形在屏幕中的显示效果。

绘图时使用 1∶1 的比例进行绘图，打印时的输出比例可以根据用户需要再进行调整，即绘图比例和打印时的输出比例是两个概念，关于打印时的输出比例在后面的章节中再做说明。用 1∶1 比例画图好处很多。第一，容易发现错误。由于按实际尺寸绘图，很容易发现尺寸设计不合理的地方。第二，标注尺寸非常方便。图形对象的尺寸数字是多少，系统自动测量，万一画错了，一看尺寸数字就发现了（当然，系统也能够设置尺寸标注比例，但较费时费工）。第三，便于不同图形文件之间的资源调用。在各图形文件之间复制局部图形或者使用图块时，由于都采用的是 1∶1 的比例绘图，调用局部图形或者图块时十分方便。第四，便于由零件图拼成装配图或由装配图拆画零件图。第五，工作效率高。不用进行繁琐的比例缩小和放大计算，提高工作效率，并可防止出现换算过程中容易出现的差错。

图形文件中的绘图比例应采用可以随着图形放大缩小的比例标尺标注。一般可在标题栏上方标注比例标尺，若图幅内的所有图均按同一比例绘制时，只需要标注一种比例尺；若一张图存在两种或两种以上的比例尺时，则需要标注两种或两种以上的比例尺。

根据《水力发电工程 CAD 制图技术规定》（DL/T 5127—2001），比例尺表示方法如图 2-8 所示。

比例	1∶1000	1∶200	1∶100	1∶50	1∶10
用于图形标注	0　20m	0　4m	0　2m	0　1m	0　0.2m

图 2-8　图形比例尺

3. AutoCAD 系统的图形单位

在下拉菜单中选择“格式”（Format）→“单位”（Unit），系统将弹出“图形单位”对话框，如图 2-9 所示。用户可通过“长度”组合框中的“类型”下拉列表选择单位格式，默认的单位格式为“小数”，对应十进制单位，其中选择“工程”和“建筑”的单位对应英制单位。“缩放比例”组合框中用于选择绘图单位，默认的绘图单位为 mm，用户还可以选择 cm、m、km 等作为图形单位。单击“精度”下拉列表，用户可选择绘图精度。在“角度”组合框的“类型”下拉列表中可以选择角度的单位。可供选择的角度单位有：“十进制度数”、“度/分/秒”、“弧度”等。同样，单击“精度”下拉列表可选择角度精度。“顺时针”复选框，可以确定是否以顺时针方式测量角度。当用户修改单位时，下面的“输出样例”部分将显示此种单位的示例。

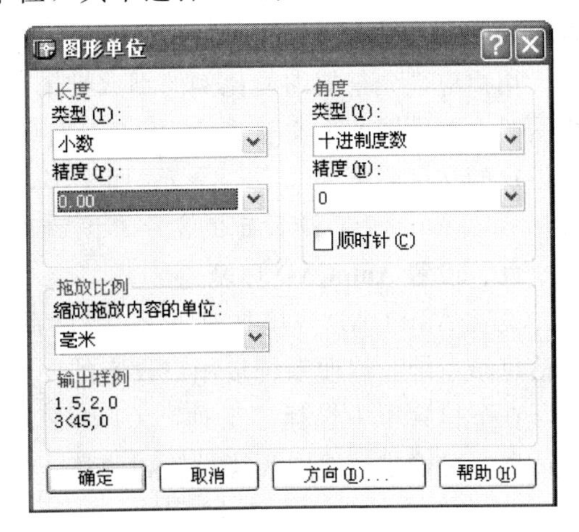

图 2-9　“图形单位”对话框

几点说明：

（1）AutoCAD系统的图形单位类型有建筑单位制、十进制等，默认单位类型为十进制单位。

（2）绘图屏幕上每个图形单位都可表示为用户所需的图形单位：如mm、cm、m、km。即用户可以用指定绘图屏幕上每个图形单位为自己所需的图形单位：mm、cm、m、km。

（3）一般根据所绘制的模型实际大小选择绘图单位。如果绘制机械零件图，可以认定一个图形单位作为1mm，即采用mm作为绘图单位；如果绘制地形图，可以认定一个图形单位作为1km，即采用km作为绘图单位。

（4）在同一个图形文件中最好只采用同一种图形单位，以免造成混乱，同一种图形单位的图形文件有利于相互调用，不同图形单位的图形文件需要通过调整比例后才能相互调用。

《水力发电工程CAD制图技术规定》（DL/T 5127—2001）中规定，CAD图形的尺寸单位应采用国际单位制，一般要求：

（1）工程规划图、工程布置图的尺寸及建筑物的高程（或标高）以m为单位。

（2）桩号的标注形式为km±m。

（3）工程设计图中建筑物结构尺寸以cm或mm为单位，机械结构尺寸以mm为单位。

若采用A3图幅绘图，绘图界限和绘图比例的确定可参考以下方法：

（1）绘制工程规划图和工程布置图时，绘图界限定义为左下角坐标：（0.00，0.00），右上角坐标（420.00，297.00），采用m作为绘图单位，按1∶1比例绘图，便于系统自动以m为单位标注建筑物尺寸。

（2）绘制工程设计图中建筑物结构图时，绘图界限定义仍为左下角坐标：（0.00，0.00），右上角坐标（420.00，297.00），仍可以采用m作为绘图单位，按1∶1比例绘图，通过修改标注式样中的系统参数，实现以cm或者mm为单位标注建筑物尺寸。

在手工绘图的过程中并非所有的对象均按设定的比例绘制，如文字、符号、尺寸标注等仍按实际大小绘制。但在AutoCAD系统的环境下绘图时，就要考虑这些对象在绘图时的缩放比例。由于模型是按1∶1的比例绘出，在打印时需要将图形放大或缩小以适应所选定的图纸大小，这样就可能使文字、符号、尺寸标注等对象在图纸上显得太大或太小。

用户应事先根据缩放比例的倒数 n 来计算图形中一些文字对象的大小。例如实际打印出图时，要求图幅上文字高度为3.5，打印输出比例因子是1∶2，则AutoCAD的环境中应设定的文字高度为3.5×2=7。即文字、符号大小的设定：

AutoCAD应设定的文字高度=实际图形要求的高度×打印比例的倒数

九、设置AutoCAD环境

设置AutoCAD环境是对AutoCAD系统参数进行重新配置，通过修改系统参数，提供信息给系统，以便系统按用户设定的要求进行图形文件管理。

在下拉菜单中选择“工具”（Tool）→“选项”（Opions），弹出“选项”（Opions）对话框，可以进行绘图环境设置和调整，如图2-10所示。

“选项”对话框中有9个标签：

（1）“文件”（File），用于CAD系统搜索目录的指定，其中有系统的字体、线型、菜

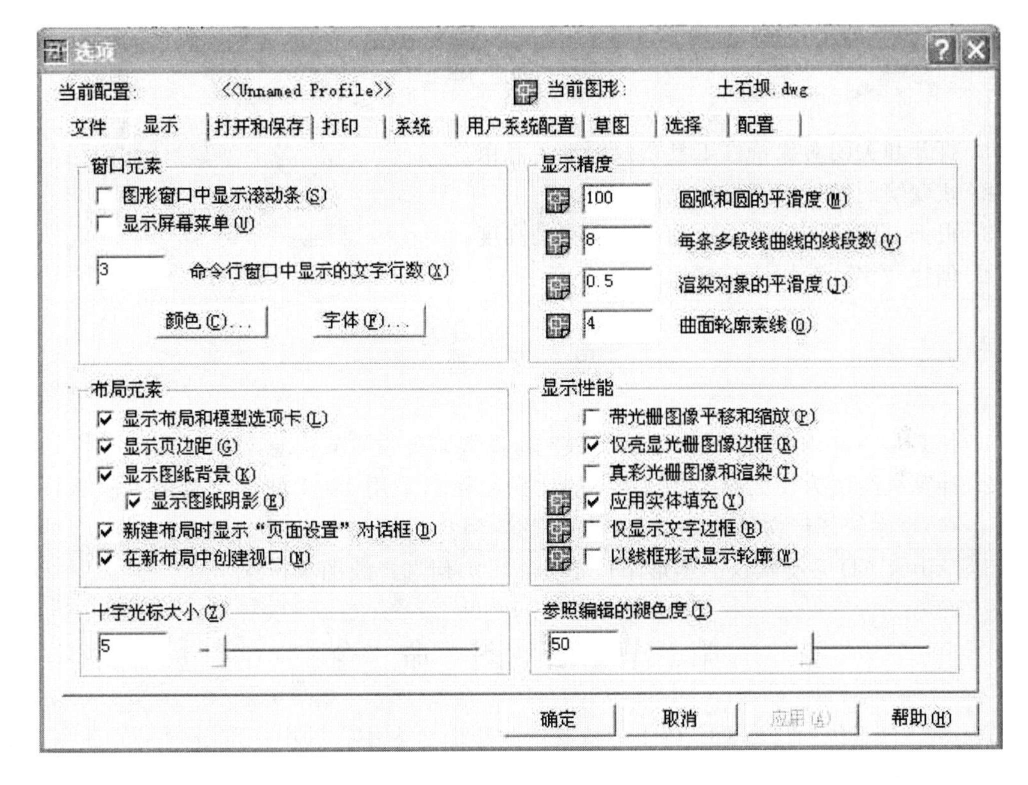

图 2-10 “选项”对话框

单、打印机、帮助等文件的搜索目录。在弹出的“选项”对话框，选择“文件”选项卡，用户可通过该选项卡查看或调整各种文件的路径。在“搜索路径、文件名和文件位置”列表中找到要修改的分类，然后单击要修改的分类旁边的加号框展开显示路径。选择要修改的路径后，单击“浏览”按钮，然后在“浏览文件夹”对话框中选择所需的路径或文件，单击“确定”按钮。单击“添加”按钮，用户可以增加备用的搜索路径。

(2)“显示”(Display)，设置显示效果，如背景颜色、光标的形式及大小，设置是否显示屏幕菜单等。当需要改变绘图区域的背景颜色时，单击“颜色”按钮，在“颜色”下拉列表框中选择一种新颜色，单击“应用关闭”按钮退出，绘图区域的背景颜色改变为新颜色。

(3)“打开和保存”(Open and save)，设置打开与保存文件的选项。

(4)“打印”(Plotting)，设置默认打印机型号与图形输出的有关选项。

(5)“系统”(System)，对系统的一些变量进行配置。

(6)“用户系统配置”(User preferences)，进行适于个人偏好的设置，如线宽、重画等。

(7)“草图”(Drafting)，设置通用的编辑符号，如对象捕捉的符号等。

(8)“选择”(Selection)，设置对象选择方式，如控制 AutoCAD 拾取框的大小、指定选择对象的方法和设置夹点等。

(9)“配置”(Profile)，用于用户对配置参数的管理。

在开启系统后，没有进行任何环境设置时，系统在默认状态下运行工作。通过对 AutoCAD系统的工作环境设置、调整，可使 AutoCAD 系统运用更灵活、方便。

练　习　题

1. 打开和关闭对象特性工具条及标准工具条。
2. 改变绘图区域的背景颜色。
3. 根据打印比例输出设定图形中文字的高度。
4. 创建“多线”快捷键按钮。

思　考　题

1. 什么是 AutoCAD 系统的绘图界限？绘图界限的设置有何意义？
2. 计算机绘图为什么能采用 1∶1 的比例绘图？采用 1∶1 的比例绘图有什么优点？在 AutoCAD 系统图形文件中如何表达图形的比例？
3. AutoCAD 系统默认的图形单位是什么？如何选择绘图单位？

第二节　绘　图　命　令

AutoCAD 系统的绘图命令位于下拉菜单的绘图命令中，其中一部分常用的命令在绘图（Draw）工具条上，如图 2－11 所示。

图 2－11　绘图工具条

一、点（point）

在下拉菜单中选择“格式”（Format）→“点样式”（point Style），弹出“点样式”对话框，如图 2－12 所示，可选择点的样式，改变点的样式，就是改变点在屏幕的显示效果。

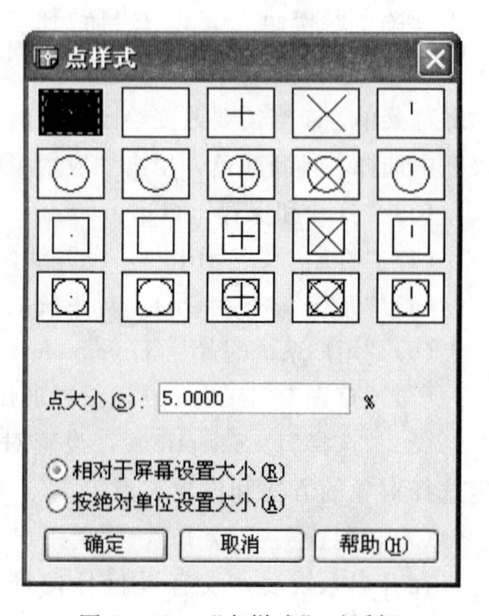

图 2－12　“点样式”对话框

选择点的绘制工具可以等分线段。在下拉菜单中选择，“绘图”（Draw）→“点”（point），在下一级菜单中可以选择等分线段方式：

（1）定数等分，指定间隔放置点。选择“定数等分”命令，或在文本窗口输入命令：divide，文本窗口提示：

选择要定数等分的对象：（在屏幕上选择定数等分的图形对象，回车确认）

输入线段数目或［块(B)］：5（输入定数等分的数目，回车

确认）

即可完成定数等分线段的操作。

（2）定长等分，指定长度放置点。选择“定长等分”命令，或在文本窗口输入命令：measure，文本窗口提示：

选择要定距等分的对象：（在屏幕上选择定距等分的图形对象，回车确认）

指定线段长度或［块(B)］：100（输入定距等分的长度，回车确认）

即可完成定长等分线段的操作。

（3）等分任意角度。绘制两条任意相交的直线，其交点为O点→以O点为圆心，绘制一段圆弧与两条直线相交于A、B两点→按照等分数目的要求，对弧AB进行等分，并将等分点顺次连接到点O，即完成对∠AOB的等分。

点的尺寸大小是可以改变的。默认状态下点的尺寸大小变量Posize=0，即点占绘图区域的5%。选择命令Posize，输入新值，可改变点的尺寸大小。也可以在点式样对话框中直接修改点占绘图区域的百分比。

二、线（line）

AutoCAD系统的绘线工具中，有直线、射线、构造线等绘制工具。构造线（Xline）生成无限长的直线，射线（Ray）生成单向无限长的射线。可利用构造线（Xline）和射线（Ray）命令生成辅助作图线。

构造线（Xline）、射线（Ray）和其他线一样可以编辑操作，一样可以输出。因此一般将构造线放在一个特殊的层上，并赋予特殊的颜色加以区分。

当绘图中需要采用坐标来确定点的位置时，AutoCAD有绝对坐标和相对坐标的概念：绝对坐标是相对于当前坐标系坐标原点的坐标，又有直角坐标和极坐标之分；相对坐标是相对于屏幕上某一指定点的坐标。

1. 直线的绘制

直线的绘制有以下几种方式：

（1）选择“绘图”（Draw）工具条中的“直线”（line）工具，在屏幕上拾取起点、终点，回车确认，即可绘制出直线。

（2）直角坐标法。绝对直解坐标是将点看成从坐标原点（0，0）出发的，沿X轴与Y轴的位移。选择“绘图”（Draw）工具条中的“直线”（line）工具，在文本窗口提示下输入起点、终点坐标，可绘制位于两点间的直线。如：

命令：_line，或选择“直线”工具，文本窗口出现提示：

指定第一点：45，69（输入第一点的坐标，回车确认）

指定下一点或［放弃（U)］：123.240（输入第二点的坐标，回车确认）

即完成直角坐标法的直线绘制。

（3）相对极坐标法。极坐标系是用一个距离值和角度值来定位一个点。用户使用绝对极坐标法输入的任意一点，均是用相对于坐标原点（0，0）的距离和角度表示的。而在使用相对极坐标时，用户通过输入相对于当前点的位移或者距离和角度的方法来定位新点。AutoCAD系统规定所有相对坐标的前面添加一个@号，用于表示与绝对坐标的区别。如：

命令：_ line，或选择“直线”工具，文本窗口出现提示：

指定第一点：(在屏幕上拾取起点，回车确认)

指定下一点或[放弃（U)]：@30<90（在文本窗口输入第二点的相对极坐标，回车确认）

即完成相对极坐标法的直线绘制。

@30<90 表示所绘制的直线的终点相对于上一个点的直线距离为 30，其直线与 X 轴之间的夹角为 90°。AutoCAD 系统中直线与 X 轴正向之间夹角的定义如图 2－13 所示。如果需要修改默认的角度定义，可以选择下拉菜单中的“格式”→“单位”，系统将打开“图形单位”对话框，如图 2－9 所示。单击“方向”按钮，系统将弹出“方向控制”对话框，可通过该对话框重新定义基准角度的方向。

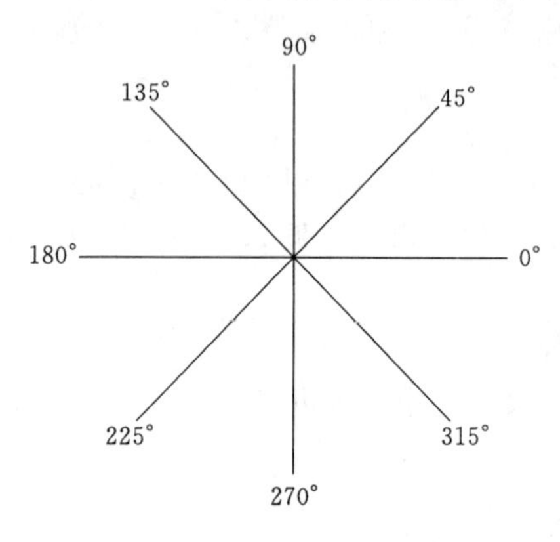

图 2－13　AutoCAD 系统的角度定义

AutoCAD 系统默认的角度单位是“度”，当需要输入角度时，可以直接输入角度，如 30.5。如果输入弧度，可以加后缀“r”，如 0.15r。

（4）相对直角坐标法。如：

命令：_ line，或选择“直线”工具，文本窗口出现提示：

指定第一点：(在屏幕上拾取起点，回车确认)

指定下一点或[放弃（U)]：@ 30，90（在文本窗口输入第二点的相对直角坐标，回车确认）

即完成相对直角坐标法的直线绘制。@30，90 表示了所绘制直线的终点相对于起点在 X 轴方向移动 30 个单位的距离，在 Y 轴方向移动 90 个单位的距离。

（5）将 AutoCAD 和 Excel 相结合，连续绘制直线。当用户需要通过一系列的直线转折点的坐标，在 AutoCAD 图形界面上连续地绘制一条折线时，可以通过 Excel 调整折线转折点的坐标格式，使之转化为 AutoCAD 系统能识别的坐标格式，从而达到连续自动地绘制折线的目的。具体步骤如下：

1）在 Excel 环境中，在 A 和 B 列中输入连续折线的转折点坐标，A 列为折线的转折点的 X 轴坐标，B 列为折线的转折点的 Y 轴坐标，如图 2－14所示。

Microsoft Excel - 直线坐标.xls

文件(F)　编辑(E)　视图(V)　插入(I)

E21　fx

	A	B	C
1	0	0	
2	0	20	
3	20	20	
4	20	0	
5	40	0	
6	40	20	
7	60	20	
8	60	0	
9	80	0	
10	80	20	
11	100	20	
12			

图 2－14　直线的转折点坐标

2）在 C1 单元格中输入“＝A1&”，“&B1”的式样，C1 单元格的坐标格式即改变为“0，0”。将 C1 单元格的式样复制并粘贴到对应的 C 列中，回车确认，随即在 C 列中得到新的坐标格式。该坐标格式就是 AutoCAD 能识别的坐标格式，如图 2－15 所示。

Microsoft Excel - 直线坐标1.xls

文件(F) 编辑(E) 视图(V) 插入(I) 格式(O) 工具(T)

C1 fx =A1&","&B1

	A	B	C	D
1	0	0	0,0	
2	0	20	0,20	
3	20	20	20,20	
4	20	0	20,0	
5	40	0	40,0	
6	40	20	40,20	
7	60	20	60,20	
8	60	0	60,0	
9	80	0	80,0	
10	80	20	80,20	
11	100	20	100,20	
12				

图 2-15 C 列中新的坐标格式

3）将 C 列中新的坐标格式进行复制。

4）在 AutoCAD 环境中选择“直线”工具，在文本窗口提示指定第一点时，将鼠标放置到文本窗口中，单击右键，出现上下文菜单，选择其上的“粘贴”命令，即可连续自动地完成绘制折线的任务。

2. 射线（Ray）

单击“射线”（Ray）工具或命令：Ray，在屏幕上拾取一点，Ray 生成单向无限长的射线，可作为绘图时的辅助线。

3. 构造线（Xline）

Xline 生成两端无限延长的直线，二维绘图时 Xline 是一个非常有用的命令。使用它可以方便地画出水平、竖直及倾斜直线，通过该命令可进行图形布局或帮助创建倾斜的图元，作为用户绘图的参考线或辅助线。

在文本窗口输入命令：Xline，文本窗口出现提示：

指定点或[水平（H）/垂直（V）/角度（A）/二等分（B）/偏移（O）]：

其中：

选择 H：可以连续绘制无限长的水平线。

选择 V：可以连续绘制无限长的垂直线。

选择 A：在文本窗口提示下，再输入构造线角度，可以连续绘制给定倾角的无限长直线。

选择 B：在文本窗口提示下，能绘制等分一个角的构造线。

选择 O：在文本窗口提示下，按照给定的距离或一个给定的点，生成平行的构造线。

4. Trace 命令绘制直线

Trace 命令用于绘制具有一定宽度，可以实心填充的轨迹线。

三、多义线（spline）

多义线即为样条曲线，通过拟合给定的数据点，绘制光滑曲线。

选择“绘图”（Draw）工具条中的“多义线”工具，或在文本窗口输入命令：spline，在文本窗口出现提示：

指定第一个点或［对象（O）］（specify first point）；

指定下一个点或［闭合（C）/拟合公差（F）］<起点切向>（specify next point or [close/Fit tolerance]）；

输入起点切矢（specify start tangent）：

输入终点切矢（specify end tangent）：

其中：

选择 C（close）：可以绘制封闭的样条曲线。

选择 F（Fit tolerance）：可以控制样条曲线与给定的数据点之间的误差。

输入起点切矢（specify start tangent）：用于确定起点的切线方向。可以重新选择起点新的切矢方向，如果希望采用默认的起点切矢方向，只要按回车键即可。

输入终点切矢（specify end tangent）：用于确定终点的切线方向。可以重新选择终点新的切矢方向，如果希望采用默认的终点切矢方向，只要按回车键即可。

多义线用于生成一条二次或三次 B 样条曲线。生成次 B 样条曲线至少需要 3 个数据点。如果只有 3 个数据点，系统生成二次曲线；数据点为 3 个以上，则生成三次样条曲线。

和前面所讲述的连续地绘制折线的方法一样，采用 AutoCAD 和 Excel 相结合，可以连续地绘制样条曲线。

四、圆（circle）、圆弧（arc）、圆环（donut）

在下拉菜单中选择“绘图”（Draw）→“圆”（circle）。绘制圆（circle）有 6 种方式：

（1）圆心、半径方式，这是绘圆的默认方式。

（2）圆心、直径方式，首先在文本窗口输入圆心坐标，再输入圆的直径，回车确认即可。

（3）两点方式，输入或给定两个点的坐标，系统以这两个点间的间距为直径绘圆。

（4）三点方式，输入或给定三个点的坐标，系统绘出通过三个点的圆。

（5）切点、切点、半径方式，依次选择两个图形对象（直线、圆弧或其他圆），并指定半径，系统以指定的半径绘出与两个图形对象相切的圆。

（6）切点、切点、切点方式，依次选择三个图形对象（直线、圆弧或其他圆），系统绘出与三个图形对象相切的圆。

在下拉菜单中选择“绘图”（Draw）→“圆弧”（arc）。绘制圆弧（arc）有 11 种方式：

（1）三点方式。

（2）起点、圆心、端点方式。

(3) 起点、圆心、角度方式。

(4) 起点、圆心、长度方式。

(5) 起点、端点、角度方式。

(6) 起点、端点、方向方式。

(7) 起点、端点、半径方式。

(8) 圆心、起点、端点方式。

(9) 圆心、起点、角度方式。

(10) 圆心、起点、长度方式。

(11) 继续方式（以最后一次所绘直线或圆弧的端点为起点，并与其相切）。

用户需根据所绘制圆弧的已知条件，选择相应的圆或圆弧绘制工具。

在下拉菜单中选择“绘图”（Draw）→“圆环”（donut），或在文本窗口输入命令：donut，文本窗口出现提示：

输入圆环内径（inside diametre<>）：
输入圆环外径（outside diametre<>）：

在文本窗口提示下，输入圆环内径及圆环外径，即可完成绘制圆环的操作。

五、矩形（rectangle）、正多边形（polygon）

1. 矩形（rectangle）

选择绘图（Draw）工具条中的“矩形”工具，或在文本窗口输入命令：rectangle，文本窗口出现提示：

指定第一个角点或[倒角（C）/标高（E）/圆角（F）/厚度（T）/宽度（W）]：
若在屏幕上指定了第一个角点，文本窗口出现提示：
指定另一个角点或[尺寸（D）]：

可以在屏幕上直接指定了另一个角点，或在文本窗口输入：D，文本窗口出现提示：

指定矩形的长度 <0.0000>：（输入矩形的长度值）
指定矩形的宽度 <0.0000>：（输入矩形的宽度值）

即可绘制出指定长度和宽度的矩形。

2. 正多边形（polygon）

选择绘图（Draw）工具条中的“正多边形”工具，或在文本窗口输入 polygon，文本窗口出现提示，输入正多边形的边数，文本窗口继续提示选择中心或边长。

(1) 如果在屏幕上选取了一点，则被认为是正多边形的中心。

命令执行过程：

命令：_polygon 输入边的数目 <4>：5（输入正多边形边的数目）
指定正多边形的中心点或[边（E）]：（在屏幕上指定正多边形的中心点）
输入选项[内接于圆（I）/外切于圆（C）]<I>：（选择默认的选项为内接于圆，回车确认）
指定圆的半径：100（输入圆的半径，回车确认，完成正多边形的绘制）

其中有两个额外选项：内接于圆（I）/外切于圆（C）。AutoCAD 系统是通过一个虚圆来完成正多边形的绘制。正多边形可以是内接于虚圆，也可以是外切于虚圆。内接正多边形（Inscribed），正多边形在圆内，与圆相接；外切正多边形（Circumscribed），正多边形在圆外，与圆相切。

（2）如果选择边长，用户根据一条已知的边来生成多边形，或输入一条边的起点和终点，然后按逆时针方向构造正多边形。

按照上述方法构造的矩形和正多边形有一点值得注意：AutoCAD 系统将矩形和正多边形看成独立的、封闭的多段线对象，即为一个图形对象。如果将矩形或正多边形进行分解，就会成为几条独立的线段。

六、多段线

选择绘图（Draw）工具条中的“多段线”工具，或在文本窗口输入命令：pline，文本窗口出现提示：

指定起点（specify first point）：
当前线宽为 0.0000：
指定下一个点或［圆弧（A）/半宽（H）/长度（L）/放弃（U）/宽度（W）］：
指定下一个点或［圆弧（A）/闭合（C）/半宽（H）/长度（L）/放弃（U）/宽度（W）］：

其中常用的选项为：

选择 A：系统从直线切换到圆弧。

选择 C：用于绘制封闭多段线。

选择 L ：系统切换到直线的绘制，其方向的规定是若上一段为直线，则沿直线方向，若上一段为圆弧，则沿圆弧切线方向。

选择 U：用于撤销上一步的操作。

选择 W：用于改变多段线线宽。

一次绘制完成的多段线为一个独立的图形对象，通过分解可以成为几个独立的图形对象。

七、多线（mline）

默认的多线为两条彼此平行的直线，其式样名为“标准”（STANDARD）。

1. 改变多线的对正方式和比例

选择绘图（Draw）工具条中的“多重平行线”工具，或在文本窗口输入命令：mline，文本窗口出现提示：

当前设置：对正＝上，比例＝20.00，样式＝STANDARD
指定起点或［对正（J）/比例（S）/样式（ST）］：

（1）选择 J ：可以选择光标在多线中的对正类型，对正类型有［上（T）/无（Z）/下（B）］＜上＞，“上”表示光标的位置在多线的上方，“无”表示光标的位置在多线的中间，“下”表示光标的位置在多线的下方。

（2）选择 S：可以改变多线间的距离，默认状态比例 ＝ 20.00，比例 ＝ 0 时，多线变为单线。

2. 改变多线的属性

多线式样文本存放 Acad200X/Support/Acad. mln 文件中。选择下拉菜单中的“格式”(Format) → “多线样式” (mlstyle)，弹出 “多线样式” 对话框如图 2－16 (a) 所示，可以对多线样式进行修改，重新定义多线的样式。

(a)

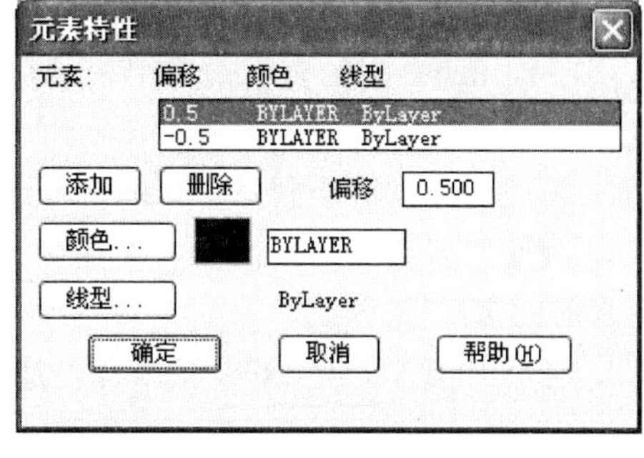

(b)

图 2－16　“多线样式” 对话框

单击多线样式对话框中的 “元素特性” 按钮，弹出元素特性设置对话框如图 2－16 (b) 所示。元素特性设置对话框中：

(1) 默认状态中两条线的偏移值分别为 0.5 和－0.5。

1) 可以重新设置两条线的偏移的值、颜色、线型等属性。

2) 单击 “添加” 按钮，可以增加一条新的中心线。并可以设置新的中心线的颜色、线型等属性。

(2) 返回到 “多线样式” 对话框，在预览中显示重新设置的中心线效果。

(3) 对该设置进行重命名，单击 “保存” 按钮，即保存到 Acad200X/Support/Acad.mln 文件中，或保存到新命名的文件中。

(4) 返回到 “多线样式” 对话框，加载新设置的多线线型名，新设置的多线线型即为当前多线线型，即可以采用新设置的多线线型绘图了。

单击多线样式对话框中的 “多线特性” 按钮，弹出 “多线特性设置” 对话框，可以进行多线的两端是否封口，多线的内部是否填充等的设置。

八、云线

在绘制工程图纸时，有时需要有一些随意的线条，作为地形图的边界线，这时可以采用云线的方式来绘制。

选择绘图 (Draw) 工具条中的 “修订云线” 工具，或在文本窗口输入命令：revcloud，文本窗口出现提示：

最小弧长：10 最大弧长：20

指定起点或 [弧长 (A) /对象 (O)] <对象>：

选择 A：可以修改最小弧长和最大弧长，AutoCAD 系统规定最大弧长不能超过最小弧长的3倍。

练 习 题

1. 将一直线等分为七等份，将长度为250（个图形单位，以下没有表明具体单位的数值，均为图形单位）的水平直线按间距50进行等分。

2. 采用极坐标法绘制长度为150，倾角为35°的直线；采用直角坐标法绘制两点（40，30），（150，320）间的直线；采用相对直角坐标法绘制两点（10，35），（250，120）间的直线。

3. 采用两种方法绘制任意角的平分线。

4. 改变“多线”的属性，如增加一条中心线，或改变“多线”的颜色或线型，并使之为当前的多线形式。

5. 将AutoCAD和Excel相结合，连续地绘制一条折线。

思 考 题

1. 为何常常用点等分图形对象时，没有显示出等分点？

2. 将AutoCAD和Excel相结合，连续绘制直线时，Excel软件起到什么作用？

3. “多线”的比例值代表什么？

4. 可以任意选择绘制圆弧的11种方法中的任意一种方法来绘制圆弧吗？

5. 用“直线”工具绘制的矩形和用“矩形”工具绘制的矩形有什么不同？

6. 用“直线”工具绘制的折线和用“多段线”工具绘制的折线有什么不同？

第三节 编辑和修改图形

图形的编辑与修改，包括图形对象的选择和修改两项工作。

一、图形对象的选择

AutoCAD系统中的选择图形对象的方式，可以根据用户的喜好重新进行设置。

设置选择图形对象方式是选择下拉菜单中的“工具”（Tools）→“选项”（Options），弹出“选项”（Options）对话框，在Selection标签下的选择“集模式”（Selection Modes）组合框中，可以对选择方式进行设置，其中各选项的含义为：

（1）先选择后执行（Noun/verb Selection）。该选择项激活时，即先选择要操作的对象，再选择修改的动作，反之为先选择修改的动作，再选择要操作的对象。

（2）多选时按住Shift键添加到选择集（Use shift to add to selection）。该选择项激活，选择多个图形对象时，需要按住Shift键。

（3）方框选择时，拖动时需按住鼠标（Press and drag）。该选择项激活，可以采用。

（4）隐含窗口（Implied Windows）。该选择项激活，可以采用窗口选择图形对象。

（5）是否与剖面线相关联（Associative hatch）。该选择项激活，图形对象和填充的剖面线一起选择。

在 AutoCAD 系统中，对图形对象进行编辑时会不断涉及到选取图形对象。如何快捷、方便地利用 AutoCAD 系统所提供的选择工具，快速地选中图形对象是快速编辑图形的关键。用户执行“选择”（Select）命令，可以灵活地采用不同的方式选择需要编辑的图形对象。

1. 直接点取方式（默认方式）

通过鼠标或其他输入设备直接点取图形对象后，图形对象呈高亮度显示，表示该图形对象已被选中，就可以对其进行编辑。

2. 窗口方式

当命令行出现“选择对象（Select Objects）：”提示时，如果将点取框移到图中空白地方并按住鼠标左键，AutoCAD 系统会提示：指定对角点，此时如果将点取框移到另一位置后按鼠标左键，AutoCAD 系统会自动以这两个点取框取的点作为矩形窗口的对顶点，确定一默认的矩形窗口。

（1）如果矩形窗口是从左向右定义的，框内的图形对象全被选中，而位于窗口外部以及与窗口相交的图形对象均未被选中，因为从左向右定义的矩形框是实线框。

（2）若矩形框窗口是从右向左定义的，那么不仅位于窗口内部的图形对象被选中，而且与窗口边界相交的图形对象也被选中，因为从右向左定义的矩形框是虚线框（用户不妨注意观察一下）。

（3）对于窗口方式，也可以在“选择对象（Select Objects）：”的提示下，直接输入 W（Windows），则进入窗口选择方式，不过，在此情况下，无论定义窗口是从左向右还是从右向左，均为实线框。

（4）如果在“选择对象（Select Objects）：”的提示下，输入 BOX，然后再选择图形对象，则与默认的窗口选择方式完全一样。

3. 组方式

将若干个对象编组，在“选择对象（Select Objects）：”的提示下，输入 G（group）后回车，接着命令行出现“输入组名：”在此提示下输入组名后回车，那么所对应的图形对象均被选取，这种方式适用于那些需要频繁进行操作的图形对象。另外，如果在“选择对象（Select Objects）：”的提示下，直接选取某一个图形对象，则此对象所属的组中的图形对象将全部被选中。

4. 前一方式

利用此功能，可以将前一次编辑操作的选择对象作为当前选择集。在“选择对象（Select Objects）：”的提示下，输入 P（previous）后回车，则将执行当前编辑命令以前，最后一次构造的选择集作为当前选择集。

5. 最后方式

利用此功能，可将前一次所绘制的对象作为当前的选择集。在“选择对象（Select Objects）：”的提示下，输入 L（last）后回车，AutoCAD 系统则自动选择最后绘出的那一个对象。

6. 全部方式

利用此功能，可将当前图形中所有对象作为当前选择集。在“选择对象（Select Objects)：”的提示下，输入 ALL（注意：不可以只输入“A”）后回车，AutoCAD 系统则自动选择所有的对象。

7. 不规则窗口方式

在“选择对象（Select Objects)：”的提示下，输入 WP（wpolygon）后回车，则可以构造一任意闭合的不规则多边形，在此多边形内的对象均被选中（用户可能会注意到，此时的多边形框是实线框，它就类似于从左向右定义的矩形窗口的选择方法）。

8. 围栏方式

该方式与不规则交叉窗口方式相类似（虚线），但它不用围成一封闭的多边形，执行该方式时，与围栏相交的图形均被选中。在“选择对象（Select Objects)：”的提示下，输入 F（fence）后即可进入围栏方式。

9. 快速选择

这是 AutoCAD 200X 的新增功能，通过它可得到一个按过滤条件构造的选择集。

选择工具（TOOL）菜单中的“快速选择（QSelect)”工具，或在文本窗口输入命令：QSelect，弹出“快速选择”（QSelect）对话框，就可以按指定的过滤对象的类型和指定对象欲过滤的特性、过滤范围等进行选择。也可以在 AutoCAD 200X 的绘图窗口中单击鼠标右键，菜单中含有“快速选择（QSelect)”选项。不过，需要注意的是，如果所设定的选择对象特性不是“随层”状态，将不能使用这项功能。

10. 用选择过滤器选择

在 AutoCAD 200X 中，新增了根据对象的特性构造选择集的功能。在命令行输入 Filter 后，将弹出“对象选择过滤器”（Filter）对话框，就可以构造一定的过滤器，并且将其存盘，便于以后可以直接调用，就像调用“块”一样方便。

注意以下 3 点：

(1) 可先用选择过滤器选择对象，然后直接使用编辑命令，或在使用编辑命令提示选择对象时，输入 P，即前一次选择来响应。

(2) 在过滤条件中，颜色和线型不是指对象特性因为“随层”而具有的颜色和线型，而是用 COLOUR、LINETYPE 等命令特别指定给它的颜色和线型。

(3) 已命名的过滤器不仅可以使用在定义它的图形中，还可用于其他图形中。

对于条件的选择方式，使用者可以使用颜色、线宽、线型等各种条件进行选择。

二、图形对象的编辑和修改

AutoCAD 系统的修改编辑工具可以在下拉菜单中的“修改”(Modify）菜单上选择，常用的工具也可以在修改工具条上直接选择，如图 2-17 所示。

图 2-17 修改工具条

1. 删除（Erase）对象

输入命令：Erase 或选择修改（Modify）工具条中的“删除”工具，文本窗口提示选择对象，选择对象后回车确认，即完成删除操作。

快捷删除对象方法是选中图形对象后，按下键盘上的Delete键即可。

采用围栏（fence）方式，可一次删除多个图形对象。

命令：Erase

文本窗口出现提示：

选择要删除的对象：f（输入f，即采用围栏删除多个图形对象）

第一栏选点：（在文本窗口提示下，拾取几个点在屏幕上画出一条虚线，回车确认）

这时被该虚线接触到的图形对象全部被删除。

2. 移动（Move）对象

输入命令：Move或选择修改（Modify）工具条中的“移动”工具，文本窗口提示选择对象，选择对象后回车确认，再在屏幕上指定基点，拖动鼠标到目标位置。如果需要准确移动对象，在屏幕上指定基点时，打开状态行“对象捕捉”选项，进行关键点的捕捉，即可进行准确移动对象。

3. 旋转（Rotate）对象

输入命令：Rotate或选择修改（Modify）工具条中的“旋转”工具，文本窗口出现提示：

UCS当前的正角方向：ANGDIR＝逆时针 ANGBASE＝0

选择对象：（在屏幕上选择需要旋转的图形对象，回车确认）

指定基点：（在屏幕上选择需要旋转的图形对象上的一个点为基点）

指定旋转角度或[参照（R）]：90（输入旋转角度 回车确认）

默认的参照角是ANGBASE＝0，可以通过修改系统变量ANGBASE的值改变默认的参照角。

4. 缩放（Scale）对象

输入命令：Scale或选择修改（Modify）工具条中的“缩放”工具，文本窗口提示选择对象，选择对象后回车确认，文本窗口出现提示：

指定比例因子或[参照（R）]：

选择“指定比例因子”选项，用户只需要在文本窗口输入缩放比例因子，并在屏幕上指定缩放的基点，回车确认，即完成图形的缩放操作。“缩放”（Scale）命令可以改变图形对象的尺寸大小，可用于局部放大图样。

选择“参照”（R）选项，用户需要在文本窗口输入“R”（Reference），回车确认，文本窗口出现提示：

指定参照长度<1>：用户需要在屏幕上指定参照长度的起点和端点或输入一个参照数值，回车确认。

文本窗口出现提示：

指定新长度：用户需要在文本窗口输入新长度的数值，回车确认。

如果用户发现原来选用的绘图尺寸不合适，选择需要改变尺寸的图形对象，然后应用“参照”（Reference）选项，指定参照长度的两个端点，再输入要求的新长度，图内的所有图形对象将按新长度与参照长度的比值进行重新缩放。

5. 复制（Copy）对象

（1）在当前图形文档中进行复制。

输入命令：Copy或选择修改（Modify）工具条中的“复制”工具，文本窗口出现提示：

选择对象：（在屏幕上选择需要复制的图形对象，回车确认）

指定基点或位移，或者［重复（M）］：（用户可以选择单个复制或多个复制（Multiple）方式，若为单个复制，直接在屏幕上指定基点，拖动鼠标到目标位置，回车确认）

单个复制就是一次复制一个图形对象，多个复制就是一次复制多个图形对象。

（2）在不同的图形文档之间进行复制、粘贴

在多个图形文档之间复制图形，只能使用下拉菜单“编辑”中的命令进行操作。先在打开的源图形文件，选择下拉菜单中“编辑”（Edit）→“普通复制”（Copyclip）或指定基点后“复制”（Copybase）命令，将图形复制到剪贴板中，然后在打开的目的文件，选择下拉菜单中“编辑”（Edit）→“普通粘贴”（Pasteclip）或“以块的形式粘贴”（Pasteblock），将图形粘贴到指定位置。“编辑”菜单下的“复制”、“粘贴”命令与上下文菜单中选择相应的选项是等效的。

6. 偏移（Offset）对象

在同一图形文件中，欲生成多条彼此平行、间隔相等或不等的线条，或者生成一系列同心椭圆（弧）、圆（弧）等，可以选用偏移（Offset）命令实现。

使用Offset时，用户可以通过三种方式创建新的图形元素。

（1）输入图形对象间的距离。

输入命令：Offset或选择修改（Modify）工具条中的“偏移”工具，文本窗口出现提示：

指定偏移距离或［通过（T）］＜通过＞：10（输入预先设定的偏移距离，回车确认）

选择要偏移的对象或＜退出＞：（在屏幕上选择要偏移的图形对象）

指定点以确定偏移所在一侧：（在屏幕上选择图形对象的一侧，单击鼠标左键确定偏移方位，回车确认，即完成偏移操作）

（2）在屏幕上指定新图形对象通过的点。

输入命令：Offset或选择修改（Modify）工具条中的“偏移”工具，文本窗口出现提示：

指定偏移距离或［通过（T）］＜通过＞：（输入T，回车确认）

选择要偏移的对象或＜退出＞：（在屏幕上选择要偏移的图形对象）

指定通过点：（在屏幕上捕捉某个点作为新图形对象的通过点，回车确认，即完成偏移操作）

（3）输入图形对象间偏移距离的数学表达式。如果需要将一直线段偏移（303/2）个图形单位，可以直接采用偏移命令实现。如：

命令：Offset

指定偏移距离或［通过（T）］＜通过＞：303/2

选择要偏移的对象或＜退出＞：（在屏幕上选择要偏移的图形对象）

指定点以确定偏移所在一侧：（在屏幕上选择图形对象的一侧，单击鼠标左键确定偏移方位，回车确认，即完成

偏移操作）

7. 镜像（Mirror）对象

镜像工具用于生成对称图形。

输入命令：Mirror或选择修改（Modify）工具条中的“镜像”工具，文本窗口出现提示：

选择对象：（在屏幕上选择要镜像的图形对象）

指定镜像线的第一点：（在屏幕上指定镜像轴线的第一点）；

指定镜像线的第二点：（在屏幕上指定镜像轴线的第二点）；

是否删除源对象？[是（Y）/否（N）]<N>：（delete source object [y/n]）（选择y，删除原始对象；选择n，不删除原始对象，回车确认，即完成镜像操作）

8. 实体阵列（Array）

在同一图形文件中，如果复制后的图形按一定规律排列，如形成若干行若干列，或者沿某圆周（圆弧）均匀分布，则应选用“阵列”（Array）命令。

输入命令：Array或选择修改（Modify）工具条中的“阵列”工具，弹出“阵列”（Array）对话框，如图2-18所示，在对话框上首先要选择阵列方式。

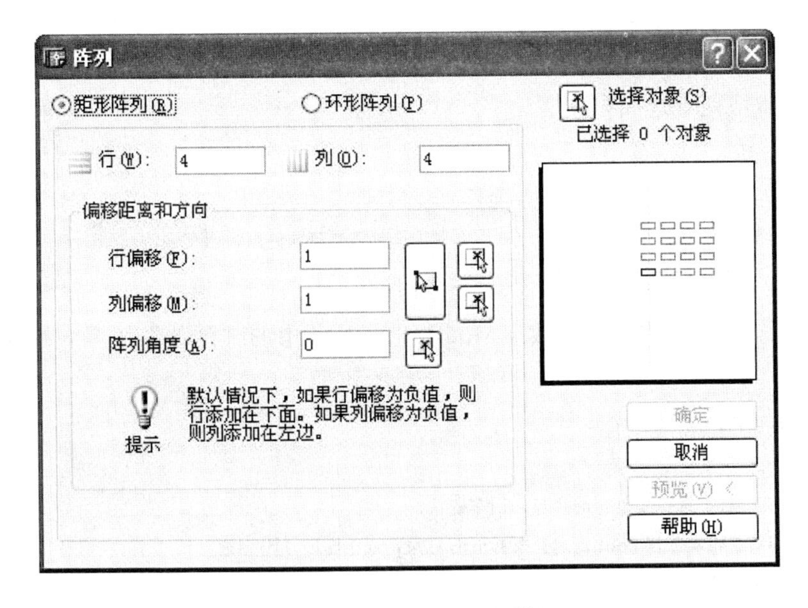

图2-18　“阵列”对话框

（1）选择“矩形阵列”（R）方式，按文本窗口提示进行如下操作：

选择水平行数、选择垂直列数、选择行偏移（系统按方向向上进行行排列）、选择列偏移（系统按方向向右进行列排列）、选择阵列角度，然后单击“选择对象”按钮，返回到绘图界面上，选择需要进行阵列的图形对象，回车确认，返回到“阵列”对话框上，单击“确定”按钮，即完成矩形阵列。

（2）选择“环形阵列”（P）方式，按文本窗口提示进行如下操作：

指定环形阵列的中心、指定环形阵列的项目数、选择从原始对象起，阵列的角度（按顺时针方向），然后单击“选择对象”按钮，返回到绘图界面上，选择需要进行阵列的图形对象，回车确认，返回到“阵列”对话框上，单击“确定”按钮，即完成环形阵列。

9. 拉长（Lengthen）对象

输入命令：Lengthen或选择修改（Modify）工具条中的“延伸”工具，文本窗口出现提示：

选择对象或[增量（DE）/百分数（P）/全部（T）/动态（DY）]

用户可以选择不同的方式，延伸所选择的图形对象。

当需要缩短或延长某条直线时，在“命令”（Command）状态下，直接选取屏幕上的直线，使其“夹点”出现，将光标移动到要缩短（或延长）的一端，并激活该“夹点”，使这条线变为可拉伸的皮筋线，开启“极轴”或“对象捕捉”，将光标沿着该线的方向移动，使皮筋线和原线段方向重合，移动的距离没有限制。

同样在“命令”（Command）状态下，直接选取屏幕上的矩形或多边形（必须是应用矩形或多边形工具绘制的），均可以使其出现“夹点”，激活其上的夹点，此时矩形或多边形也变为可拉伸的皮筋线，用户可以自由移动其上的“夹点”到指定位置。

10. 打断（Break）对象

输入命令：Break或选择修改（Modify）工具条中的“打断”或“在点打断”工具，将图形对象在点或两点之间打断。

命令：_ break，文本窗口出现提示：
选择对象：(在屏幕上选择要打断的图形对象)
指定第二个打断点或[第一点（F）]：F（在图形对象选择需要打断的点，回车确认）

11. 延伸（Extend）对象

输入命令：Extend或选择修改（Modify）工具条中的“延伸”工具，文本窗口出现提示：

当前设置：投影=UCS，边=延伸
选择边界的边...
选择对象：(在屏幕上选择要延伸的边界，回车确认)
选择要延伸的对象，或按住Shift键选择要修剪的对象，或[投影（P）/边（E）/放弃（U）]：(选择要延伸的图形对象，回车确认)

当要延伸多条线段时，要多次选取要延伸的对象才能完成，这时可以使用“围栏”（fence）方式。

输入命令：Extend，文本窗口出现提示：

选择对象：(在屏幕上选择要延伸的边界，回车确认)
选择要延伸的对象，或按住Shift键选择要修剪的对象，或[投影（P）/边（E）/放弃（U）]：f（输入“f”，使用“围栏”(fence）选择对象方式)
第一栏选点：(在屏幕上拾取围栏的一个点)
指定直线的端点或[放弃（U)]：(在屏幕上拾取围栏另一个点，在屏幕上画出一条虚线，回车确认，所有与“围栏”接触的图形对象一次延伸到指定的边界)

12. 修剪（Trim）对象

输入命令：Trim 或选择修改（Modify）工具条中的“修剪”工具，用于处理多余线头的删除。

输入命令：_ trim ，文本窗口出现提示：

选择剪切边界：（在屏幕上选择要修剪的边界，回车确认）

选择要修剪的对象，或按住 Shift 键选择要修剪的对象，或［投影（P）/边（E）/放弃（U）］：（选择需要修剪的图形对象，回车确认）

要注意的是，选择被修剪图形对象时是有方向性的，所选择的一边的图形对象被修剪。

如果需要一次剪除多条线段，可以使用“围栏”（fence）方式。

输入命令：_ trim ，文本窗口出现提示：

选择剪切边界：（在屏幕上选择要修剪的边界，回车确认）

选择要修剪的对象，或按住 Shift 键选择要修剪的对象，或［投影（P）/边（E）/放弃（U）］：f（采用围栏选择方式剪除多条线段）

第一栏选点：（在屏幕上拾取围栏的一个点）

指定直线的端点或［放弃（U）］：（在屏幕上拾取围栏另一个点，在屏幕上画出一条虚线，回车确认，所有与“围栏”接触的图形对象全部被剪切掉）

13. 倒角（Chamfer）

倒角的作用是将角点用直线拉平。

输入命令：Chamfer 或选择修改（Modify）工具条中的“倒角”工具，文本窗口出现提示：

（“修剪”模式）当前倒角距离 1=0.0000，距离 2=0.0000

选择第一条直线或［多段线（P）/距离（D）/角度（A）/修剪（T）/方式（M）/多个（U）］：

其中各选项的含义为：

选择 P：即选择多段线（Polyline）。如果是采用绘制“矩形”工具绘制的矩形，属于多段线性质，选择了“P”，则矩形的四个角同时都被倒角。

选择 D（Distance）：用于指定倒角两个方向上的长度。默认情况下，倒角距离 1=0.0000，距离 2= 0.0000。根据需要选择“D”，设置倒角距离 1 和距离 2，如图 2-19 所示。

选择 A（Angle）：用于设置倒角的第一长度和第一长度的角度，如图 2-19 所示。

选择 T（Trim）：用于设置是否将倒角后的边修剪去掉。

选择 M（Method）：用于选择以“距离”（Distance）方式倒角，还是以“角度”（Angle）方式倒角。

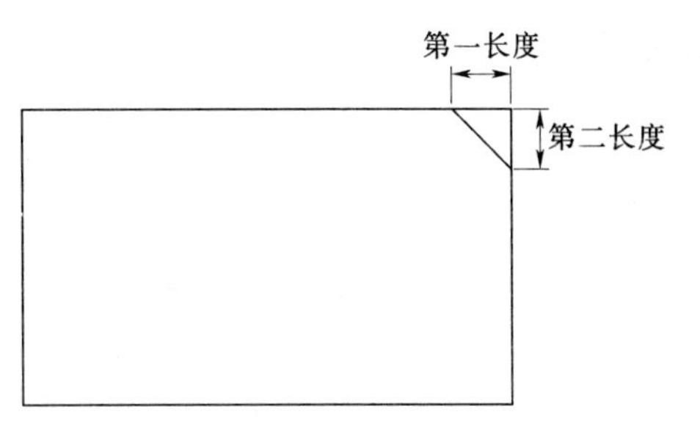

图 2-19　倒角两个方向上的长度

完成“倒角”设置后，单击修改（Modify）

工具条中的"倒角"工具，选择需要倒角的两条边，回车确认即可。

14. 倒圆（Fillet）

倒圆的作用是将角点用圆弧抹平。

输入命令：Fillet 或选择修改（Modify）工具条中的"倒圆"工具，文本窗口出现提示：

```
当前设置：模式 = 修剪，半径=0.0000
选择第一个对象或[多段线（P）/半径（R）/修剪（T）/多个（U）]：
```

其中各选项的含义为：

选择 P（Polyline）：与"倒角"中的意义相同。

选择 R（Radius）：用于设置倒圆的半径。

选择 T（Trim）：与"倒角"中的意义相同。

倒圆的半径在默认状态下为 0，需要先设置倒圆的半径。完成倒圆的半径设置后，选择需要倒圆的两条边，回车确认即可。

15. 多线的编辑

选择下拉菜单中的"修改"（Modify）→"多线"（mline），弹出多线编辑工具对话框，如图 2-20 所示，该对话框包含 12 个图标，每一个图标可以完成一种编辑操作。多线编辑工具有：

（1）十字闭合、十字打开、十字合并。

（2）T 形闭合、T 形打开、T 形合并。

（3）角点连接、添加顶点、删除顶点。

（4）单个剪切、全部剪切、全部闭合。

选择需要修改的样式后，在命令窗口的提示下，可以对所绘制的多线进行修改。

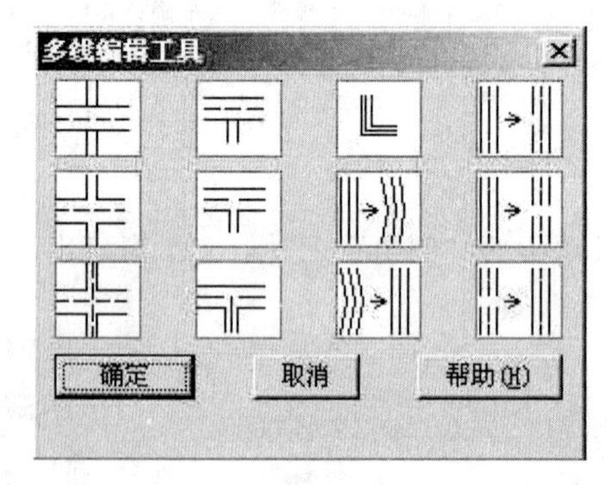

图 2-20　"多线编辑工具"对话框

例如，将两条相交的"多线"的交点按十字打开（或 T 形打开）方式修改，命令执行过程：

```
命令：_mledit（选择十字打开（或 T 形打开）方式）
选择第一条多线：（选择第一条多线，或 T 形中需要保留的腹板一侧）
选择第二条多线：（选择第二条多线）
```

即完成十字打开（或 T 形打开）的修改任务。

练　习　题

1. 用阵列方式绘制齿轮图形。如图 2-21 所示。

2. 绘制两个矩形，设置倒角的长度，对其中一个矩形进行倒角；设置倒圆的半径，对另一个矩形进行倒圆。

3. 重新设置"多线"的对正方式及比例，将两条相交的"多线"的交点，按 T 形打开方式修改。

4. 使用“围栏”（fence）方式，延伸多条线段到指定的边界；使用“围栏”（fence）方式，删出多条线段。

5. 用“缩放”（scale）命令将任意一个矩形放大 3 倍，再用“夹点”的方式将其拉伸为水流指示箭头式样。如图 2-22 所示。

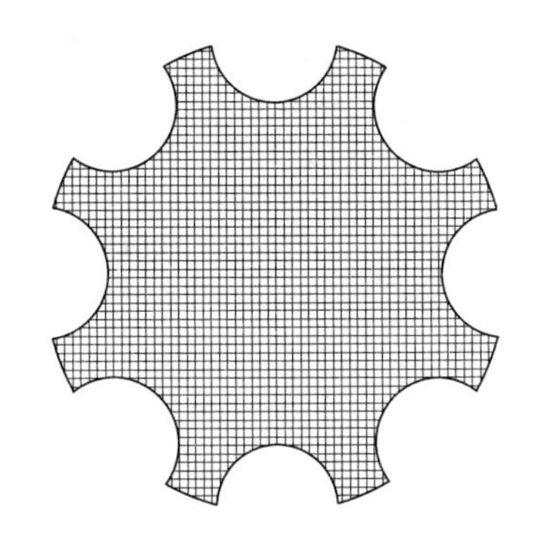

图 2-21 齿轮图形

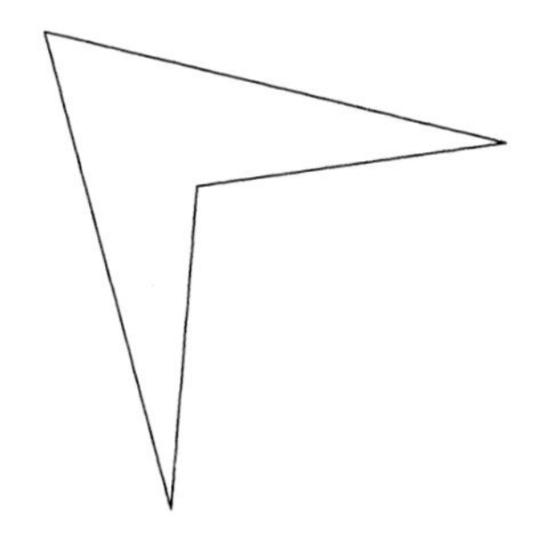

图 2-22 箭头式样

6. 对一个图形对象进行单个复制和多个复制；在两个图形文档之间复制图形。

7. 绘制如图 2-23 所示中国结图形。

8. 绘制与两条任意相交的直线相切，半径为 50 个圆形单位的圆弧。

9. 某渠道渠首部位的横断面从矩形断面［图 2-24（a）］渐变到梯形断面［图 2-24（b）］，试绘制出矩形断面渐变到梯形断面的横剖视图［图 2-24（d）］。

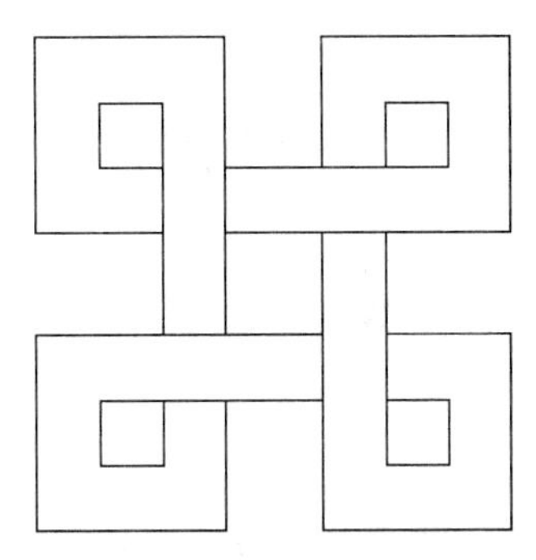

图 2-23 中国结图形

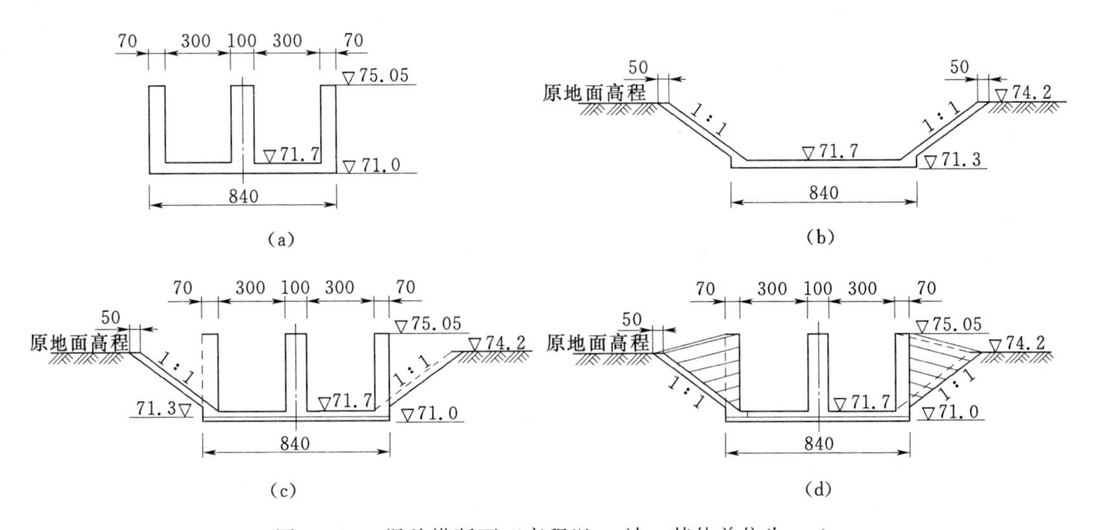

图 2-24 渠首横断面（高程以 m 计，其他单位为 cm）

思　考　题

1. 当前图形文件内的图形复制和不同图形文件之间的图形复制有何区别？

2. 用窗口方式选择图形对象时，从左到右画窗口和从右到左画窗口，有何区别？

3. 下拉菜单中“视图”下的“缩放”命令，与“修改”工具条中“缩放”命令有什么区别？

4. 矩形阵列时，AutoCAD 系统对所设置的行方向如何进行排列，对所设置的列方向如何进行排列？

第四节　精　确　绘　图

一、坐标系

1. 默认坐标系（世界坐标系）WCS

在没有进行设置时，图形窗口中显示的坐标图标是 AutoCAD 系统默认的世界坐标系的图标。在世界坐标系下，AutoCAD 系统图形中各点的位置是用笛卡儿右手坐标系统来确定的。笛卡儿坐标系有三个坐标轴，即 X 轴、Y 轴和 Z 轴。绘制新图形时，在默认情况下，AutoCAD 系统将用户图形置于世界坐标系中，图形中的任何一点都是用相对于坐标原点（0，0，0）的距离和方向来表示的，世界坐标系的重要之处在于用户在绘图中始终需要应用该坐标系，并且它不能被改变，其他用户坐标系都可以相对于它建立起来。世界坐标系的 X 轴为水平方向；Y 轴为垂直方向；Z 轴垂直于 XY 平面。

当用户处于世界坐标系中时，用户坐标系图标 Y 箭头就会有一个“W”，表明当前视图正处于世界坐标系中。AutoCAD 系统可以选择坐标图标的显示方式。在文本窗口输入命令：Ucsicon，或在下拉菜单中选择“视图”（View）→“显示”（Display）→“UCS 图标”（Ucsicon），文本窗口出现提示：

输入选项 [开（ON）/关（OFF）/全部（A）/非原点（N）/原点（OR）] <开>：

其中各选项的含义为：

开（ON），显示图标（On）。

关（OFF），关闭图标（OFF）。

全部（A），总在视窗的左下角显示图标（No Origin）。

原点（OR），在原点显示图标。

非原点（N），在原点显示图标，若不能在原点完整显示图标，该图标则显示在视窗的左下角。

2. 用户坐标 UCS（User Coordinate System）

使用用户坐标，可以简化点的定位，提高工作效率。

在文本窗口输入命令：UCS，文本窗口出现提示：

[新建（New）/移动（Move）/正交（orthoGraphic）/上一个（Prev）/恢复（Restore）/保存（Save）/删除

(Del) /应用 (Apply) /世界 (World)] <World>,

其中各选项的含义为：

(1) 新建 (New)，建立一个新的坐标系。选择了该选项，文本窗口出现提示：

指定新坐标原点 (Specify origin of new UCS) or [Z轴 (Zaxis) /三点 (3 point) /对象 (object) /面 (Face) /视图 (View) /X/Y/Z] <0, 0, 0>

新建坐标系的方法有：

1) 指定新坐标原点 (Origin)，通过移动当前的 UCS 坐标的原点来定义一个新的 UCS，原坐标轴方向保持不变。用户可以用键盘输入值或用鼠标在屏幕上拾取点以确定用户的 UCS 坐标的原点。

2) Z 轴 (Zaxis)，在屏幕上选择用户的 UCS 坐标系原点和 Z 轴正方向上的一点，使该方向为用户的 UCS 坐标系中 Z 轴的正方向，X 轴、Y 轴随即做相应的转动，使得 XY 平面垂直 Z 轴的方向。

3) 三点 (3 point)，在屏幕上指定 3 个点来定义用户的 UCS 坐标系，第一点指定新的坐标原点，第二点指定 X 轴正方向，第三点指定 Y 轴正方向，而 Z 轴的方向则遵从右手法则自动确定。

4) 对象 (Object)，定义基于选择对象的用户 UCS 坐标系，如弧、圆、直线等。

5) 面 (Face)，使得用户的 UCS 坐标系同所选择的对象的面对齐。

6) 视图 (View)，使得用户的 UCS 坐标系的 XY 平面同当前的视图垂直。

7) X/Y/Z，使得用户的 UCS 坐标系通过绕指定的 X (或 Y，或 Z) 轴旋转一定的角度来确定。

(2) 移动 (Move)，通过移动原点或改变 Z 轴方向的距离来重新定义坐标系。

(3) 正交 (orthoGraphic)，使用预先定义的 6 个坐标系中的一个。如俯视 (Top)、仰视 (Bottom)、主视 (Front)、后视 (Back)、左视 (Left)、右视 (Right)。

(4) 上一个 (Prev)，恢复前面设置的 UCS。AutoCAD 系统可以保存图纸空间和模型空间的最近 10 个坐标系。

(5) 恢复 (Restore)，恢复一个保存过的 UCS，使它成为当前的 UCS。

(6) 保存 (Save)，保存当前的 UCS，定义一个标识符。

(7) 删除 (Del)，删除指定的标识符。

(8) 应用 (Apply)，将当前的 UCS 设置应用到指定的视窗或者是全部的视窗。

(9) 世界 (World)，默认选项，即世界坐标系统 WCS。

用户坐标系图标通常显示在坐标原点或者当前视区的左下角处，表示用户坐标系的位置和方向。如果用户坐标系图标显示在坐标原点，那么在图标中有一个加号。如果用户坐标系图标显示视窗的左下角，也就是说没有位于坐标原点上，那么用户坐标系图标中不显示加号。

二、栅格 (Grid)

栅格即为显示一些标定位置的小点，以便于用户在绘图过程中的定位。

(1) 打开栅格，单击状态行的栅格 (Grid)，绘图窗口中的绘图界面内会出现标定位置的小点。

（2）设置栅格，用右键单击状态行的栅格（Grid），弹出“草图设置”（Drafting Setting）对话框，如图2-25所示，选择捕捉和栅格设置标签，可以进行栅格间距的设置。

三、栅格捕捉（Snap and Grid）

栅格捕捉用于设置光标移动的间距。当栅格捕捉选项开启时，用户在屏幕上只能捕捉到栅格的交点。由于受到只能捕捉栅格交点的限制，会对图形的绘制过程带来一定的麻烦，所以在一般情况下，可以关闭栅格捕捉选项。

四、正交模式（orthoGraphic）

正交模式开启时，用户便于在屏幕上绘制水平线、垂直线。

五、对象捕捉（Object Snap）与极轴追踪（Polar Tracking）

对象捕捉即捕捉对象上的一些关键点，便于用户在绘图时精确定位。

右键单击状态行的对象捕捉（Osnap），弹出“草图设置”（Drafting Setting）对话框，如图2-25所示，选择对象捕捉设置标签。其上有“捕捉和栅格”（Snap and Grid）、“极轴追踪”（Polar Tracking）、“对象捕捉”（Object Snap）三个标签：

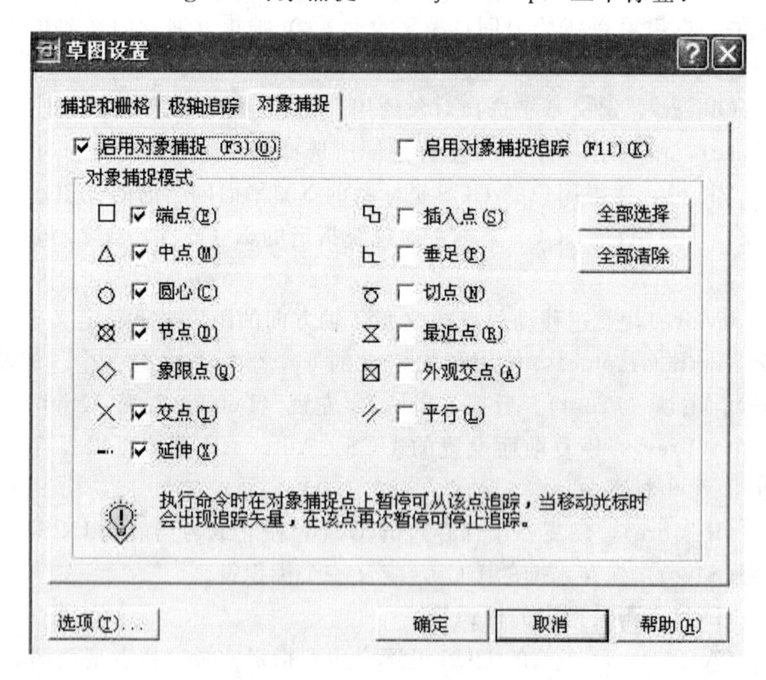

图2-25　“草图设置”对话框（1）

1. 对象捕捉标签（Object Snap）

AutoCAD系统设置的捕捉对象上关键点模式有：

端点（E）：Endpoint。

外观交点（A）：Appearance point。

节点（用点命令绘出的点）（D）：Node。

中点（M）：Midpoint。

延伸（圆弧或直线的延长线）（X）：Extension。

交点（I）：Intersection。

插入点（文字或块的插入点）（S）：Insertion。

垂足（P）：Perpendicular。

平行线（L）：Parallel。

切点（N）：Tangent。

最近点（R）：Nearest。

圆心（C）：Center。

象限点（Q）：Quadrant。

2.“捕捉自”（FRO）

“捕捉自”用于捕捉与某已知点偏移一定距离的点。如确定的点B与已知点A的位置关系可以用一个相对坐标来描述，如图2-26所示，点B相对已知点A的位置关系是：@100，150。运用“捕捉自”（FRO）时，可以以A为基点，并用相对坐标：@100，150作为偏移，来捕捉确定B点的位置。

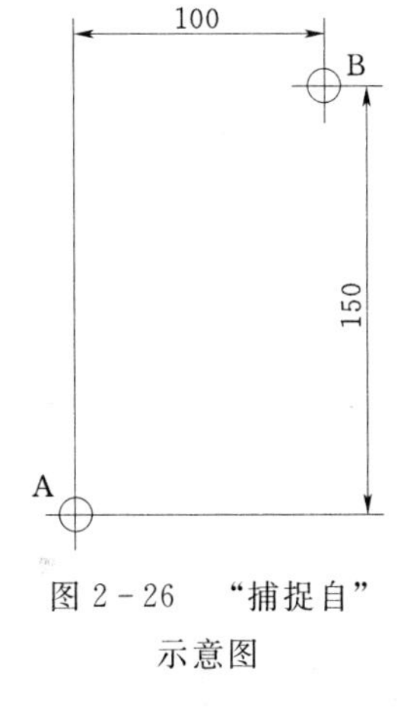

图2-26 “捕捉自”示意图

例，采用“捕捉自”方法绘制A3图框（420×297），装订边间距25，其余为5。命令执行过程：

（1）绘制A3图框的外框。

输入命令：_ rectang，文本窗口出现提示：

指定第一个角点或［倒角（C）/标高（E）/圆角（F）/厚度（T）/宽度（W）］：(在屏幕上指定A3图框的外框的左下角点)

指定另一个角点或［尺寸（D）］：D

指定矩形的长度：420.0000

指定矩形的宽度：297.0000（绘制出A3图框的外框）

（2）绘制A3图框的内框。

输入命令：_ rectang，文本窗口出现提示：

指定第一个角点或［倒角（C）/标高（E）/圆角（F）/厚度（T）/宽度（W）］：fro（输入“捕捉自”（FRO）命令，用于捕捉确定A3图框内框的左下角点）

基点：<偏移>：@25，5（在屏幕上指定A3图框外框的左下角点为基点，再输入A3图框内框的左下角点与外框的左下角点的相对坐标，回车确认）

指定另一个角点或［尺寸（D）］：fro（输入“捕捉自”（FRO）命令，用于捕捉确定A3图框内框的右上角点）

基点：<偏移>：@－5，－5（在屏幕上指定A3图框外框的右上角点为基点，再输入A3图框内框的右上角点与外框的右上角点的相对坐标，回车确认）

即可完成A3图框的绘制，如图2-27所示。

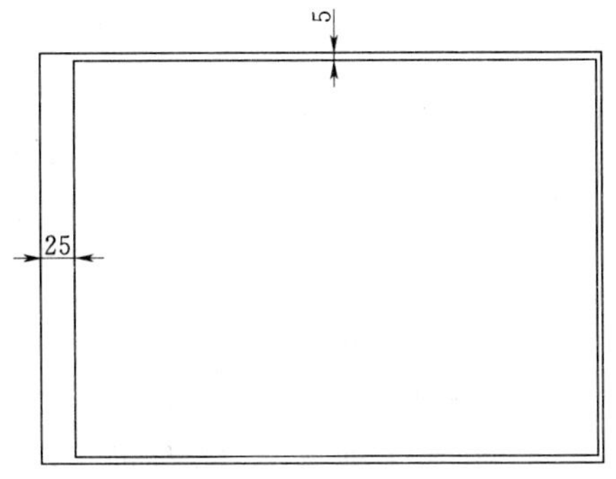

图2-27 A3图框

3. 极轴追踪标签（Polar Tracking）

AutoCAD系统能根据用户设置的极轴追踪

角度，帮助用户定位所绘直线的方向。

右键单击状态行的对象捕捉追踪（Otrack），在“草图设置”（Drafting Setting）对话框中如图 2-28 所示，选择“极轴追踪”标签（Polar Tracking），其中各选项的含义为：

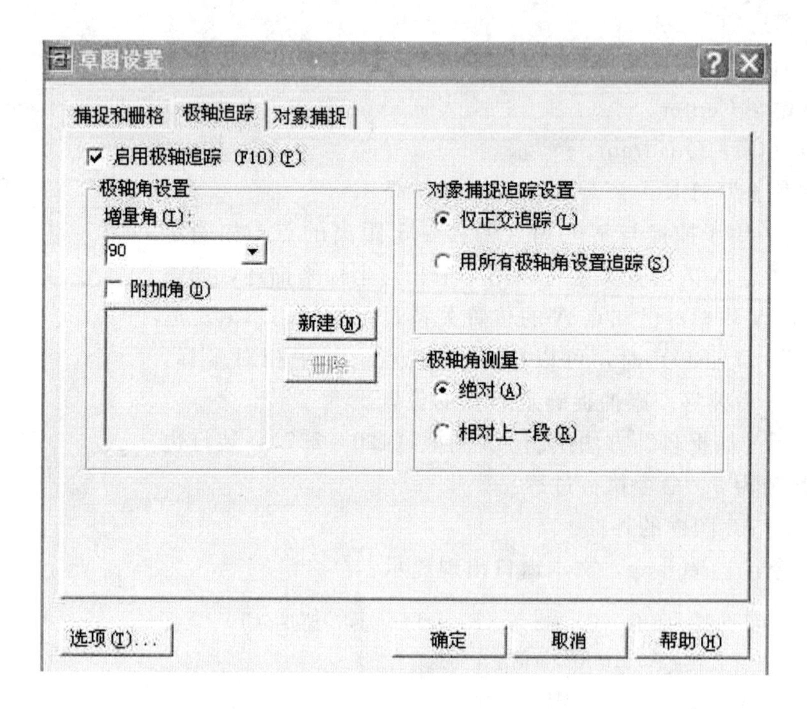

图 2-28　“草图设置”对话框（2）

在启用极轴追踪（polar tracking）的组合框中，可以进行极轴角追踪“增量角”（increment angle）的设置。还可以进行极轴追踪设置的选择：如“仅正交追踪”（track orthogonally only）或“用所有极轴角设置追踪”（track using all polar angle setting）。

4. 自动追踪

AutoCAD 系统能进行自动追踪，即运用一些特征点，定位另一些关键点。运用自动追踪时需将鼠标置于捕捉点后，在此点上保留片刻，即出现通过此点的定位辅助线，如图 2-29 所示，以帮助用户定位其他的关键点。

自动追踪的应用：

（1）点的追踪定位。当需要相对于某起点，定位其他点时，可以直接在键盘上输入待定位点与已知点的相对距离，即可实现定位其他点的目的。此时开启状态行中的“极轴”、“对象捕捉”、“极轴追踪”模式，拖动鼠标以确定待定位点的方向，屏幕上即显示定位辅助线，在键盘输入“距离”后回车确认即可。

（2）直线追踪绘制。当需要相对于某起点绘制任意方向的直线时，可以直接在键盘上输入直线距离，即可实现绘制任意方向直线的目的。此时开启状态行中的“极轴”、“对象捕捉”、“极轴追踪”模式，拖动鼠标以确定直线的方向，屏幕上即显示定位辅助线，在键盘输入“距离”后回车确认，从而节省直线绘制的时间。

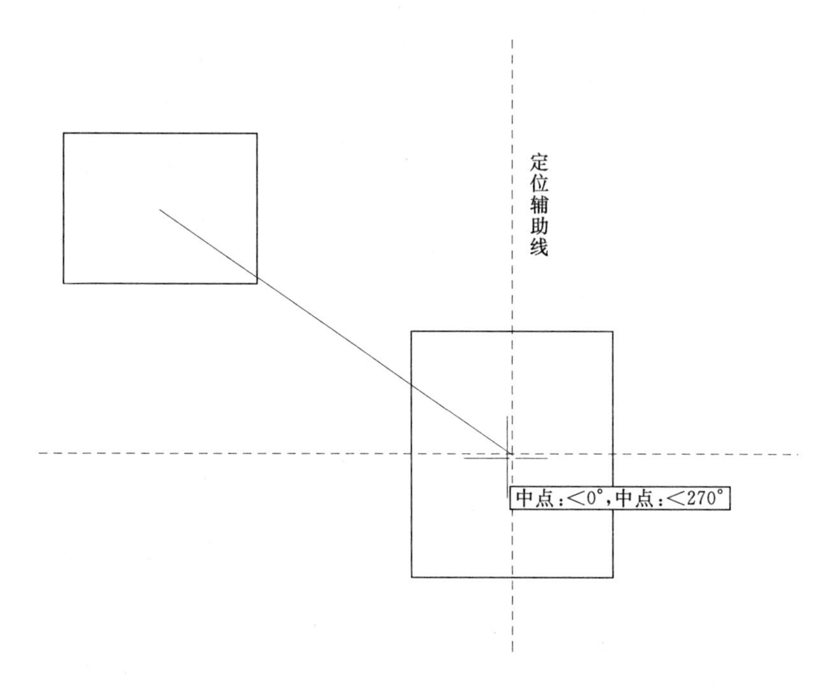

图 2-29 自动追踪示意图

练 习 题

1. 绘制一个矩形，其长度 200，宽度为 150，绘制一个边长为 150 的五边形，再用自动追踪的方法绘制矩形型心和五边形型心的连线。

2. 绘制一长 10m 的水平直线，再以一端为圆心，每间隔 30°绘制一直线，其长度以水平直线为基准，按 2m 的长度递增，最后用样条曲线将所有端点连接起来。如图 2-30 所示。

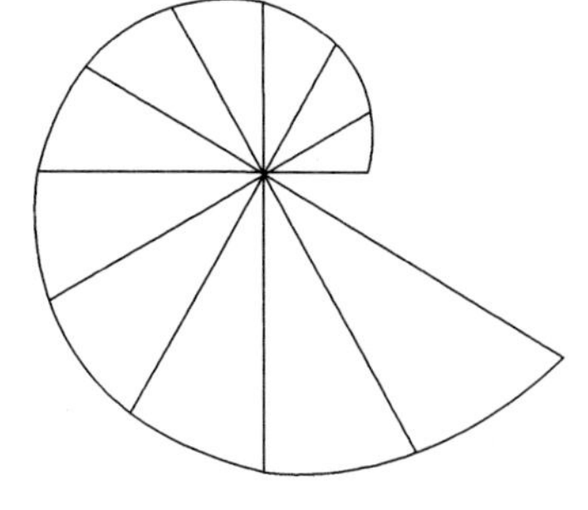

图 2-30 螺旋线

3. 将一条任意直线的一端，设置为用户坐标系的原点，再为相对坐标原点距离为 100，与 X 轴夹角为 45°的点定位。

4. 用“捕捉自”（FRO）命令绘制 A1 的图框（841×594），装订边间距 25，其余为 10。

思 考 题

1. AutoCAD 系统有哪些坐标系统？其坐标系统符合什么法则？
2. 什么是绝对坐标？什么是相对坐标？AutoCAD 系统如何表示相对坐标？
3. AutoCAD 系统有哪些捕捉方式？这些捕捉方式有什么作用？

第五节　层的创建和使用

AutoCAD 系统中任何图形对象都是绘制在图层上的。图层是组织管理图形的有效工具；图层实质上是一层层透明的电子纸；在绘图过程中可根据需要增加图层或删除图层。有了图层的帮助，同一张平面图可以满足不同专业的需要，满足多工种的要求，有效地利用了重复的资源。同时打印输出的时候容易控制不同图层的线宽。

应用图层技术可以很方便地将图形文件上的图形对象或实体分门别类。一个图层上（或一个层集合）可以包含与工程设计的某一特别方面相关的图形对象或实体，这样可以对所有的图形对象或实体的可见性、颜色和线型进行全面的控制。正确利用和把握图层的性质和功能，可以加快绘图速度。

一、层（Layers）的创建

单击对象特性工具条上的图层设置按钮或在下拉菜单中选择“格式”（Format）→“层”（Layers），弹出“图层属性管理器”（Layer Properties Manager）对话框如图 2-31 所示，可以创建、显示图层属性，修改图层的状态和特性。

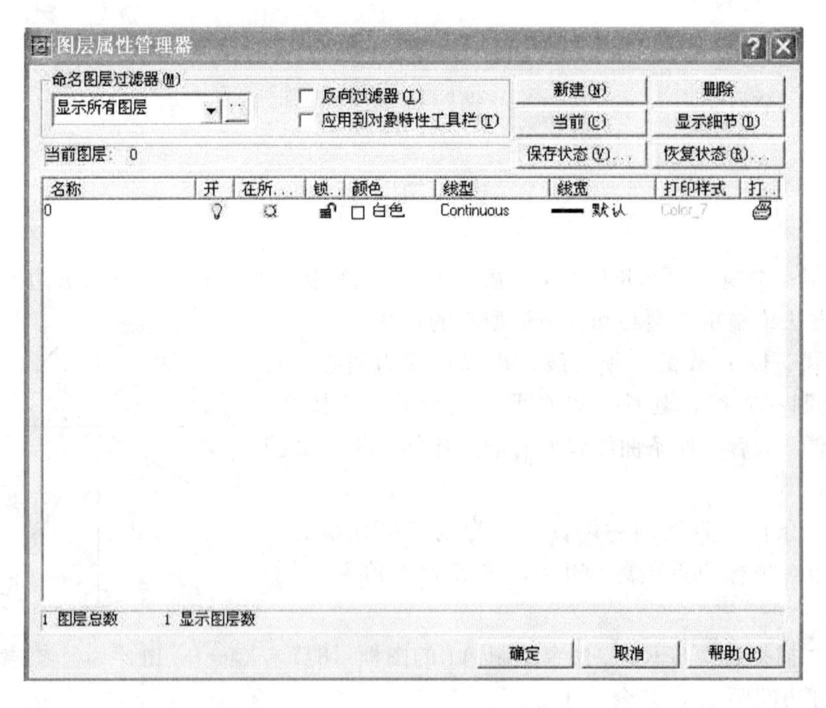

图 2-31　“图层属性管理器”对话框

图层属性管理器对话框右上角各选择项的含义为：

(1) 新建（new），用于创建新图层。

(2) 当前（current），用于显示和设置当前图层。

(3) 删除（delete），用于删除选定图层。

(4) 显示细节（show details），用户显示选定图层的详细资料。

图层属性管理器对话框中，显示着各图层的可见性，即层的颜色、线型、线宽、打印等信息。

图层的状态反映在以下几个选项中：

（1）开（on）/关（off），用于显示或关闭选择的图层，图层被关闭时，不能显示，也不能打印。

（2）冻结（freeze）/解冻（thaw），图层被冻结时，不能显示、不能打印和刷新。一般情况下图层为解冻状态。由于冻结图层上的图形对象不予显示，即不绘出，那么系统可以节省许多的时间。因此对复杂的图形可以冻结没有直接关系的图层，来加快绘图过程中的屏幕显示、平移、重生成等命令的速度。

（3）锁定（lock）/解锁（unlock），图层被锁定时，对象可见、可选取、可捕捉，但不能编辑修改。一般情况下图层为解锁状态。

单击图层属性管理器对话框中选定图层的名称，可以修改图层名（name），图层的命名应该有助于用户区别图层的用途。单击选定图层的状态和可见性选项时，可分别打开相应的对话框，以对选定图层的状态和可见性进行修改。

二、图层的使用

图层有以下用途：

（1）对象特性工具条上有图层下拉列表，在图层下拉列表中可以选择一个图层，则该图层就设置成为当前图层，此后绘制的图形对象就位于该图层之下。

（2）需要将对象从一个图层移动到另一个图层时，只需先选择对象，再在图层的下拉列表中选择所需移动到的图层，即完成该项操作。

（3）选择所需图层上的对象后，该对象所在图层成为当前图层。

每个图层可以分别采用不同的颜色，在绘图过程中，通过分配给不同的图层不同的颜色，用户在打印图纸时容易控制各层的线宽，每个图层还可以分别采用不同的线型和线宽，后面再分别叙述。

三、加载线型和修改线型比例

在默认的状态下，各图层只有一种线型即连续线，为满足工程图纸绘制的要求，需要加载各种线型。

1. 加载线型

单击“图层属性管理器”对话框中的“线型”（linetype），打开“选择线型”（selet linetype ）对话框如图 2－32 所示；单击选择“线型”对话框中的“加载（load）”按钮，弹出“加载或重载线型”（load or reload linetypes）对话框，如图 2－33 所示，可加载新的线型。

在对象特性工具条中，也可以进行线型、线宽及颜色的设置。在默认状态下对象特性工具条中反映的当前图层的线型、线宽及颜色等设置，一般为随层（Bylayer）状态，即对象的线型、线宽及颜色等始终与所在图层的线型、线宽及颜色等一致。为了避免混乱，一般不提倡改变前图层中线型、线宽及颜色的随层（Bylayer）状态。

2. 修改线型比例

不连续线型，如虚线、点划线在屏幕上的显示常常会出现不尽如人意的情况，这样就需要调整不连续线的线型比例。调整不连续线的线型比例可以采用如下方法：

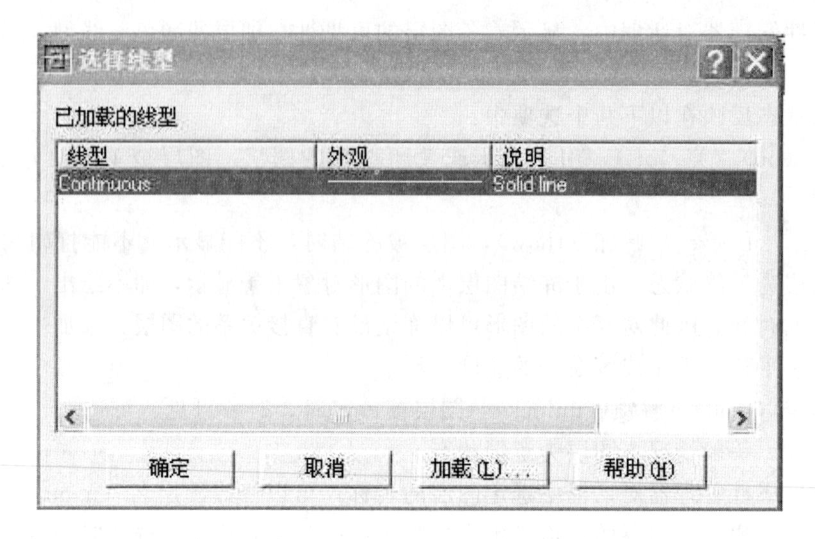

图 2-32　“选择线型”对话框

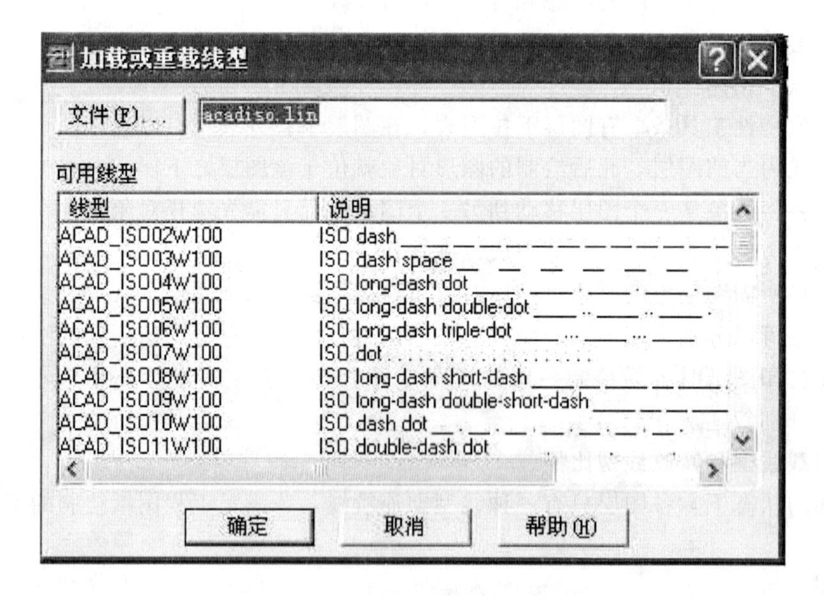

图 2-33　“加载或重载线型”对话框

（1）改变线型比例系数 Ltscale 的值。线型比例系数 Ltscale 控制每单位距离线型的重复的次数，主要影响图形中的不连续线的显示效果。

线型比例系数越大，每单位重复的次数少，或长划线越长，不连续线显得越稀疏；线型比例系数越小，每单位重复的次数多，或长划线越短，不连续线显得越密集。

在文本窗口输入：Ltscale，文本窗口出现提示：

输入新线型比例因子 <1.0000>：

用户只需要输入一个新值，回车确认，即可改变图形中的不连续线的显示效果。改变线型比例系数 Ltscale，可以改变以后所绘制的所有不连续线对象的显示效果。

（2）在“对象特性”（Properties）对话框中改变不连续线的显示效果。选择需要改变线型比例的对象，再选择下拉菜单中“修改”（Modify）→“特性”（Properties），弹出“特性”（Properties）对话框如图2-34所示，可修改线型显示比例。在对象特性对话框中修改线型比例系数，只能修改选择的对象。

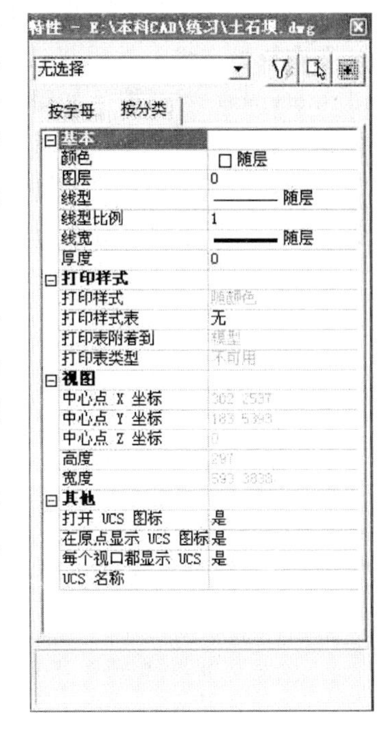

图2-34　“特性”对话框

3. 定制简单线型

如果AutoCAD系统内部的线型种类不能满足用户的要求，用户很容易定制自己的线型文件。在定制自己的线型文件之前，首先需要了解AutoCAD系统内部的线型文件的编写格式。

AutoCAD系统内部的线型文件名为acad.lin，其路径为AutoCAD 200X\support\acad.lin。其中关于中心线（Center）的编写格式如下：

```
*CENTER, Center ____ _ ____ _ ____ _ ____ _ ____
A, 1.25, -.25, .25, -.25
*CENTER2, Center (5x) ___ ____ _ ____ _ ____ _ ____ _ ____
A, .75, -.125, .125, -.125
*CENTERX2, Center (2x) ______ __ ______ __ ______
A, 2.5, -.5, .5, -.5
```

AutoCAD 200X内部的线型文件是ASCII码文件，这些ASCII码规定了中心线线型的样式，共有三种不同的线型但都大同小异，只是比例有所变化。仔细观察这些代码，可以发现每种线型的定义由两行代码组成：

第一行“*CENTER, Center”为定义行，以符号*开头，后面紧接着为线型的名称和线型描述词两项。

第二行称为线型码，以字母A开头，后面为数字，彼此用逗号间隔，线型码的含义为：

（1）A，为排列码，表示两端对齐方式，保证线的两端均以长划开始或结束。

（2）A后面依次排列着长线的长度，空白的长度，短线的长度，空白的长度，其中：

1）正数表示线段长度，如2.5表示长度为2.5个单位长的线段。当线段长度为小数时将省略小数点前的0，如0.5则表示为.5。

2）0表示一个点。

3）负数表示空白，其绝对值表示空白的长度，如-0.5表示长度为0.5的空白。由此可见，只需修改其线型码就能方便地改变其线型的形式。定义新线型的方法有：

（a）修改AutoCAD 200X内部的线型文件。用文本编辑器打开AutoCAD 200X内部的线型文件acad.lin，可以直接对其进行修改。

（b）自定义线型文件。修改AutoCAD 200X内部的线型文件方法虽较简单，但修改线型库后使原线型丢失，可能会影响其他场合的使用。因此应采用自定义新的线型的方法。按AutoCAD系统线型文件的格式要求，在文本编辑工具（如记事本、写字板等）中编写新的线型文件，然后将其保存为*.lin文件。打开“加载或重载线型”（load or reload linetypes）对话框，如图2-26所示，选择“文件”按钮，装入新的线型文件，就可以使用了。也可将新定义的线型文件直接写入acad.lin文件中。

符合我国国情的中心线应为长划18、空3、点、空3、…，依次循环。长划与空白之比为6。写成的线型码文件为：

```
*CENTER , Center
A, 18, -3, 0, -3
```

下面给出符合我国常用的虚线（XU）、双点划线（SDH）的线型文件，可供参考。

```
*XU, xu------
A, 4, -3
* SDH, sdh __ .. __ .. __ .. __
A, 18, -3, 0, -3, 0, -3
```

根据以上原则，用户也能方便地定制其他各种不连续线线型文件了。

4. 自定义复合线型文件

水利水电枢纽工程设计时，常需要采用复合线型描述微风化岩石或弱风化岩石的分界线。复合线型的编写格式：

```
*XXX_LINE, XXX line----XXX----XXX----XXX----
A, 2.5, -2.5, ["XXX", Standard, S=1.0, R=0.0, X=-2.0, Y=-0.5], -1.0
```

第一行“*XXX_LINE”为定义行，以符号*开头，后面紧接着为线型的名称和线型描述词两项。

第二行称为线型码，以字母A开头，后面为数字，彼此用逗号间隔。

第二行的方括号中为字符串的格式：

```
["字符串(string)", 文本式样(style), S=n, R=n, X=n, Y=n]
```

其中：

(1) 字符串（string），是双引号中的由一个或多个字符组成的文本串，线型中要嵌套的文字串。

(2) 文本式样（style），是文本式样的名称，如果在定义中省略文本式样，则使用当前定义的文本式样。

(3) S，文本的比例系数。

(4) R，文本相对前一段线段方向的转角，默认时为R=0，表示文本的方向和所给的线段的方向一致。

(5) X、Y，文字串左下角点在x和y方向上的偏移量，用于文本的定位。X偏移量和Y偏移量决定了文本沿线的方向和垂直线的方向的偏移量。

本例复合线由字母A引导出：

长划线2.5、空白-2.5、字符串为“XXX”、文本式样为“Standard”、文本的比例系数 S=1.0、文本的转角 R=0.0、文本插入点在 x 和 y 方向上的偏移量为 X=-2.0，Y=-0.5，最后留一个-1.0 绘图单位的空白放置字符串“XXX”，如图 2-35 所示。

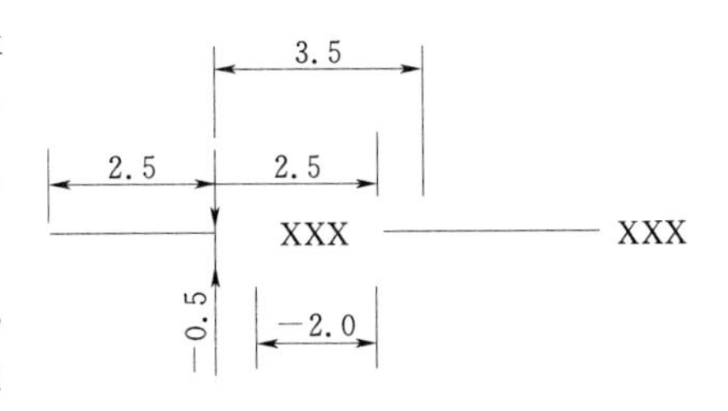

图 2-35　复合线型示意图

文本字串可以使用中文，但在使用线型之前必须在所绘制的图形文件中，定义好所使用的中文字体名。中文字符串复合线的线型文件：

```
*分界线,----分界线----分界线----
A, 20, -.5, [“分界线”, standard, S=1, R=0.0, X=0,Y=-.5], -5
```

四、设置线宽

单击“图层属性管理器”对话框中选定层的线宽（lineweight），弹出“线宽”（lineweight）对话框如图 2-36 所示，可以进行相应层线宽的修改。在没有进行设置前，系统均采用默认线宽（default）。

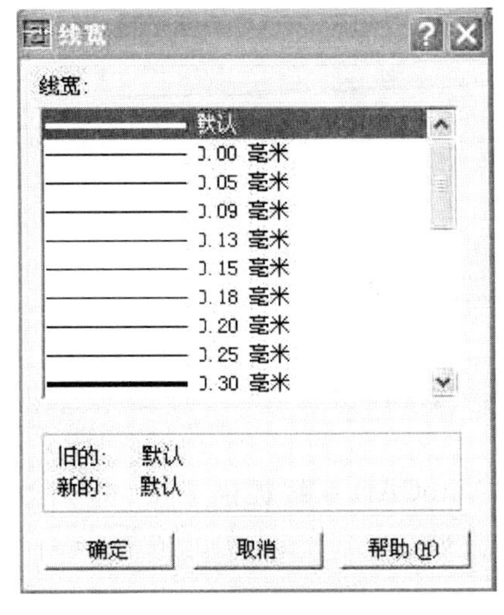

图 2-36　“线宽”对话框

为显示修改后的线宽，可用右键单击图形窗口下状态行中的线宽（lineweight），打开“线宽设置”（lineweight setting）对话框，如图 2-37 所示，可以改变线宽的显示效果。

线宽增加了线条的宽度，线宽在打印时按实际值输出，但在模型空间中是按像素比例显示的。在使用 AutoCAD 系统绘图时，可通过状态条上的 LWT 按钮，或者从“格式”菜单中选择“线宽”选项，在“线宽设置”对话框中将线宽显示关闭，以优化其显示性能。系统变量 LWTDISPLAY 也控制着当前图形中的线宽显示。

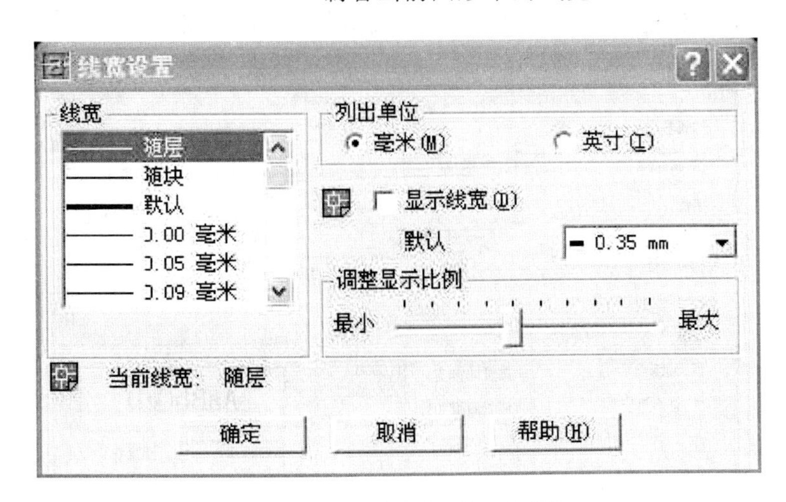

图 2-37　“线宽设置”对话框

练　习　题

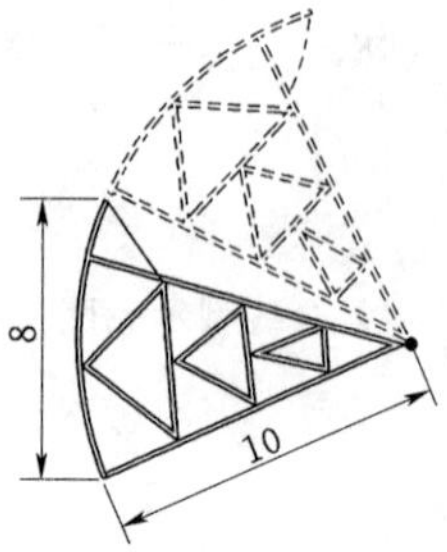

1. 创建图层，设置实线、虚线和点划线图层，并应用于绘图中。

2. 采用两种修改线型比例的方法修改不连续型的线型比例。

3. 修改和显示图形对象的线宽。

4. 编写一简单线型文件，并加载应用。

5. 绘制孔口高度为 8m 的弧形闸门示意图，如图2－38所示。

图 2－38　弧形闸门示意图
（单位：m）

思　考　题

1. 图层的作用，为什么要设置图层？
2. 不连续线看起来像连续线时，如何处理？
3. 自定义线型文件的要点是什么？
4. 图形文件中的图形对象不能编辑和修改，判断是什么原因？

第六节　文字的编辑与标注

设计图纸上不可避免地要加上文字注释等内容，AutoCAD 系统提供了在 .dwg 文件中加入文本的功能。

一、文本类型的创建、设置

在下拉菜单中选择“格式”（Format）→“文字类型”（Text style），弹出“文本样式”（text style）对话框，如图 2－39 所示。其中各选项的含义为：

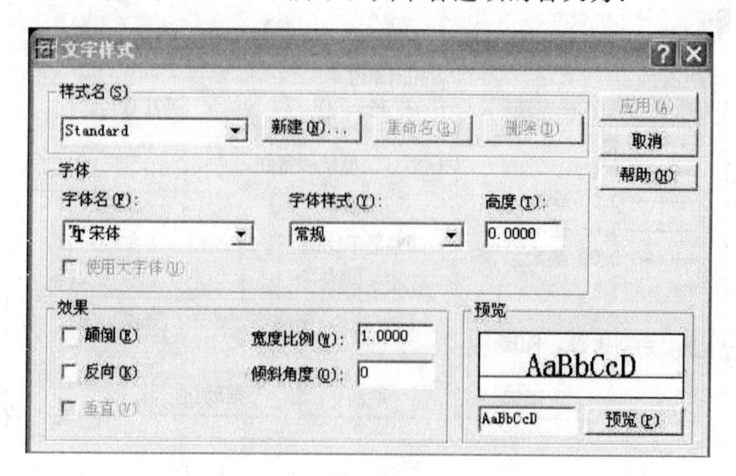

图 2－39　“文本样式”对话框

(1) 样式名 (style)，在没有进行文本类型设置前，样式名下拉列表框中仅有标准(standard) 样式，这是系统默认的文本样式，该样式是不可重命名和删除的。

(2) 新建 (New)，用于创建新文本式样。单击“新建”(New) 按钮，打开“创建新文本样式”对话框，在该对话框中为新文本式样命名后，就可以重新定义新文本式样的字体名、字体的高度和宽度及文本的显示效果，完成重新定义的工作后，单击“应用”(Apply) 按钮，这样新文本样式创建完毕，并确定为当前文本样式。

在文本类型设置中，字体的高度值不为 0 时，用文字输入时都不提示输入高度，这样写出来的文本高度是不变的，包括使用该字体进行的尺寸标注。为了在绘图过程中，随时能设置或更改文字的高度，一般在文本类型设置中，字体的高度值设置为 0。

文字效果有：

(1) 颠倒 (Upside down)。

(2) 反向 (Backwards)。

(3) 垂直 (Vertical)。

(4) 宽度比例 (Width factor)。

(5) 倾斜角度 (Oblique Angle)。

文字效果的样式可以在预览区中查看到。

AutoCAD 系统常用的 SHX 字体的含义：

txt 是标准的 AutoCAD 文字字体。这种字体可以通过很少的矢量来描述，它是一种简单的字体，因此绘制起来速度很快，txt 字体文件为 txt. shx。

monotxt 等宽的 txt 字体。在这种字体中，除了分配给每个字符的空间大小相同（等宽）以外，其他所有的特征都与 txt 字体相同。因此，这种字体尤其适合于书写明细表或在表格中需要垂直书写文字的场合。

romans 字体是由许多短线段绘制的 roman 字体的简体（单笔划绘制，没有衬线）。该字体可以产生比 txt 字体看上去更为单薄的字符。

romand 字体与 romans 字体相似，但它是使用双笔划定义的。该字体能产生更粗、颜色更深的字符，特别适用于在高分辨率的打印机（如激光打印机）上使用。

romanc 字体是 roman 字体的繁体（双笔划，有衬线）。

romant 字体是与 romanc 字体类似的三笔划的 roman 字体（三笔划，有衬线）。

italicc 字体是 italic 字体的繁体（双笔划，有衬线）。

italict 字体是三笔划的 italic 字体（三笔划，有衬线）。

scripts 字体是 script 字体的简体（单笔划）。

scriptc 字体是 script 字体的繁体（双笔划）。

greeks 字体是 Greek 字体的简体（单笔划，无衬线）。

greekc 字体是 Greek 字体的繁体（双笔划，有衬线）。

gothice 字体是哥特式英文字体。

gothicg 字体是哥特式德文字体。

gothici 字体是哥特式意大利文字体。

syastro 字体是天体学符号字体。

symap 字体是地图学符号字体。

symath 字体是数学符号字体。

symeteo 字体是气象学符号字体。

symusic 字体是音乐符号字体。

常用的大字体：

hztxt 字体是单笔划小仿宋体。

hzfs 字体是单笔划大仿宋体。

china 字体是双笔划宋体。

二、单行文字输入（Text）

在文本窗口输入命令：Text，或在下拉菜单中选择"绘图"（Draw）→"文字"（Text）→"单行文字"（Dtext），文本窗口出现提示：

当前文字样式：Standard　当前文字高度：2.5000

输入文字放置的起点或文字的对齐方式（Specify start point of text or [justify/style]）：

在屏幕上指定了输入文字放置的起点后，文本窗口出现提示：

指定高度（Height）<2.5000>：（在没有设置字体高度之前，默认的字体高度为 2.5）

指定文字的旋转角度（Angle）<0>：（在没有设置字体的旋转角度之前，默认的字体旋转角度为 0）

用户可以重新设置文字的高度和放置的角度，完成上述设置后，直接在文本窗口输入文字，回车确认，文本窗口输入文字即显示到屏幕上，再回车，退出单行文字命令。

若在文本窗口提示下输入：J，用户可以选择文字的对齐方式（Justify）。文本窗口提示的文字对齐方式选项有：

（1）对齐文字基线的起点和终点（Align）。

（2）文字基线的起点和终点以及字高（Fit）。

（3）文字基线的中点（Center）。

（4）文字中线的中点（Middle）。

（5）右对齐基线终点（Right）。

（6）左上对齐（TL）。

（7）中上对齐（TC）。

（8）右上对齐（TR）。

（9）左中对齐（ML）。

（10）中中对齐（MC）。

（11）右中对齐（MR）。

（12）左下对齐（BL）。

（13）中下对齐（BC）。

（14）右下对齐（BR）。

三、多行文字输入（Mtext）

在文本窗口输入命令：Mtext，或在下拉菜单中选择"绘图"（Draw）→"文字"（Text）→"多行文字"（Multiline Text），也可选择绘图（Draw）工具条中的"多行文字"（Multiline Text）按钮。再在屏幕上拾取两个角点，确定一个矩形框，即弹出多行文字编辑器，如图 2-40 所示。

图 2-40　文本编辑框

1. 多行文字编辑器的主要选项

(1) 文字式样，用于设置和选择文字式样。

(2) 字体，用于设置文字的字体名。

(3) 文字的高度，用于设置文字的高度。

(4) 分式格式的输入。如果要在图形文件中输入分式格式，可首先在多行文字编辑器中输入如 78/100 的字样，然后用光标拖动方式选择 78/100，这时多行文字编辑器中的$\frac{a}{b}$按钮就被激活了，再单击$\frac{a}{b}$按钮，文字编辑框中的 78/100 变为$\frac{78}{100}$，单击“确定”(OK) 按钮即可。

2. 多行文字编辑器中的上下文菜单

在多行文字编辑器的界面上单击鼠标右键，弹出多行文字编辑器的上下文菜单，如图 2-41 所示。

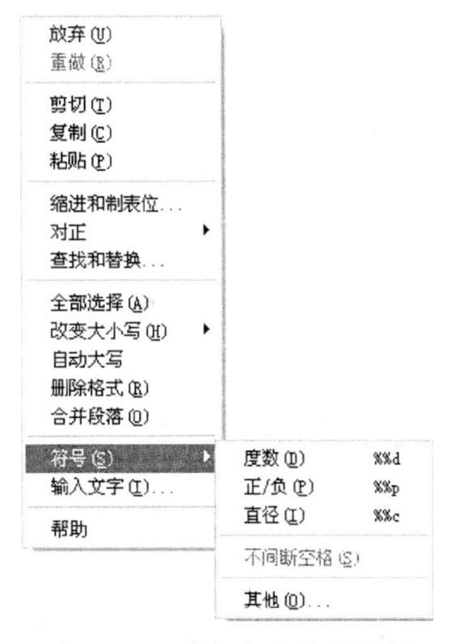

图 2-41　多行文字编辑器的上下文菜单

用户可以根据自己的需要选择其中的菜单选项，其中常用的有“符号”和“输入文字”选项。

(1) 选择“符号”选项，可以应用键盘上现有的符号来输入特殊字符，其符号说明如下：

%%O，给文字加上划线。

%%U，给文字加下划线。

%%D，度数。

%%P，正负号。

%%C，直径符号。

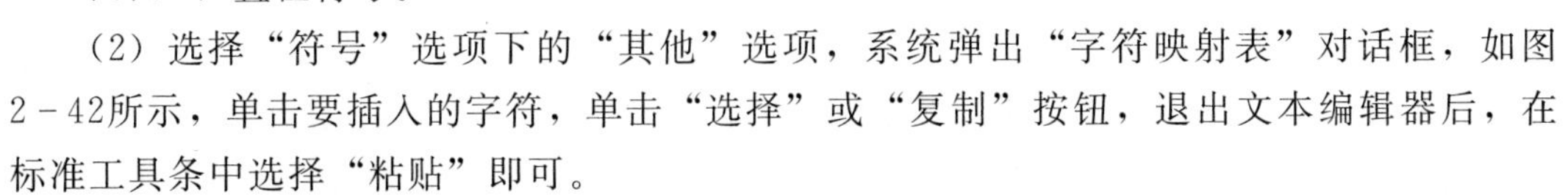

(2) 选择“符号”选项下的“其他”选项，系统弹出“字符映射表”对话框，如图 2-42所示，单击要插入的字符，单击“选择”或“复制”按钮，退出文本编辑器后，在标准工具条中选择“粘贴”即可。

(3)“输入文字”(Import Text) 选项，用于从 AutoCAD 系统以外引入文本，引入文本的最大容量限制为 16K。

如果在图形文件中需要加上标准文字注释，可以先在 Windows 环境下创建标准文字注释的文本文件 (.txt 文件或 .rtf 文件)，当用户绘图时常常需要输入这些标准文字注释时，可以通过输入文字 (Import Text) 选项，输入该文本文件。具体步骤如下：

1) 在 Windows 环境下，采用文本编辑器创建文本文件保存到指定的文件夹中。

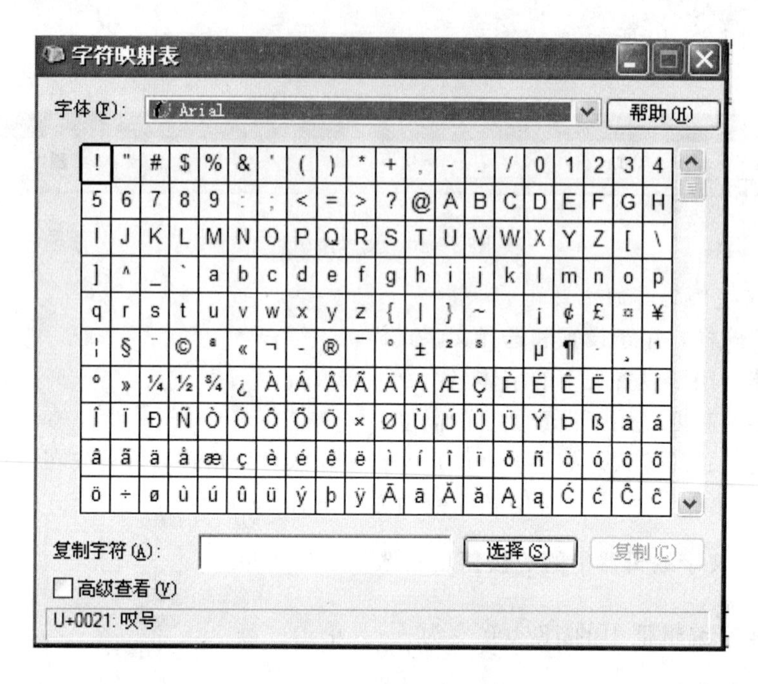

图 2-42　"字符映射表"对话框

2）在 AutoCAD 环境下，在多行文字编辑器的界面上单击鼠标右键，弹出多行文字编辑器的上下文菜单。

3）选择"输入文字"（Import Text）按钮，弹出"打开文件"对话框，选择创建好的文本文件（.txt 文件或 .rtf 文件），单击"打开"按钮，系统将文本文件中的文字插入图形窗口中，并转化为多行文字对象。

3. 从 Windows 的资源管理器向 AutoCAD 图形界面拖放文本文件

采用文本编辑器创建文本文件保存到指定的位置，可以直接由 Windows 的资源管理器向 AutoCAD 图形界面拖放文本文件，具体步骤如下：

（1）在 AutoCAD 图形界面上打开 Windows 的资源管理器，窗口不要最大化。

（2）查找创建好的文本文件所在的目录。

（3）选择创建好的文本文件图标，并用鼠标将其拖动到 AutoCAD 图形界面上，系统将文件中的文字插入绘图窗口中，并转化为多行文字对象。

4. 将 Microsoft Word 文档转化为 AutoCAD 环境下的多行文字对象

在 Microsoft Word 环境下将文字复制到剪贴板上，然后再在 AutoCAD 环境下，选择下拉菜单中的"编辑"（edit）菜单→"选择性粘贴"（Paste special），弹出"选择性粘贴"对话框，如图 2-43 所示，选择作为"AutoCAD 图元（ Entities）"进行粘贴，单击"确定"按钮，Word 文档即转化成 AutoCAD 环境下的单行文字对象；选择作为"文字"进行粘贴，单击"确定"按钮，Word 文档即转化成 AutoCAD 环境下的多行文字对象。

Mtext 多行文字编辑器是 AutoCAD 200X 中的新增功能，它提供了 Windows 文字处理软件所具备的界面和工作方式，它甚至可以利用 Word 200X 的强大功能编辑文本，这一功能可以用如下方法实现：选择下拉菜单中的"工具"（Tools）→"选项"（Prefer-

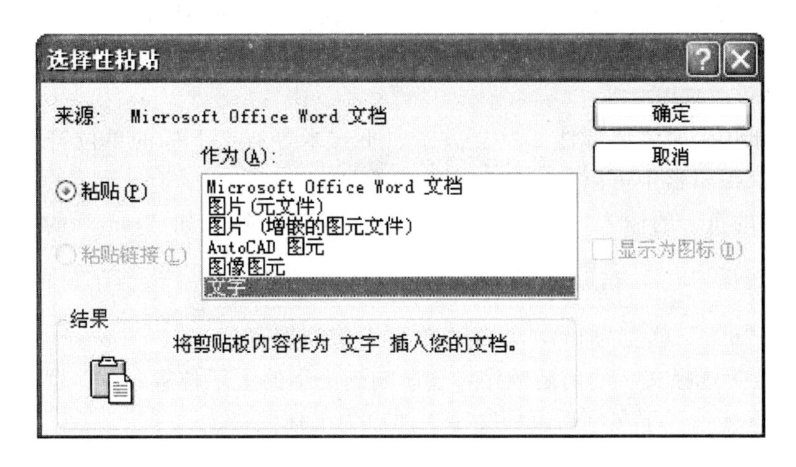

图 2-43　“选择性粘贴”对话框

ences)，弹出“选项”(Preferences) 对话框，如图 2-44 所示，打开“文件”(Files) → “文本编辑器、词典和字体文件名”(TextEditor，Dictionary，and Font FileName) → “文本编辑器应用程序”(Text Editor Application) → “Internal”，出现“选择文件”(Select a file) 对话框，找到 Winword.exe 应用程序文件，单击“打开”按钮，最后单击“确定”按钮返回。完成以上设置后，用户如再使用 mtext 命令时，系统将自动调用 Word 200X 应用程序，为 AutoCAD 系统中的文本锦上添花。

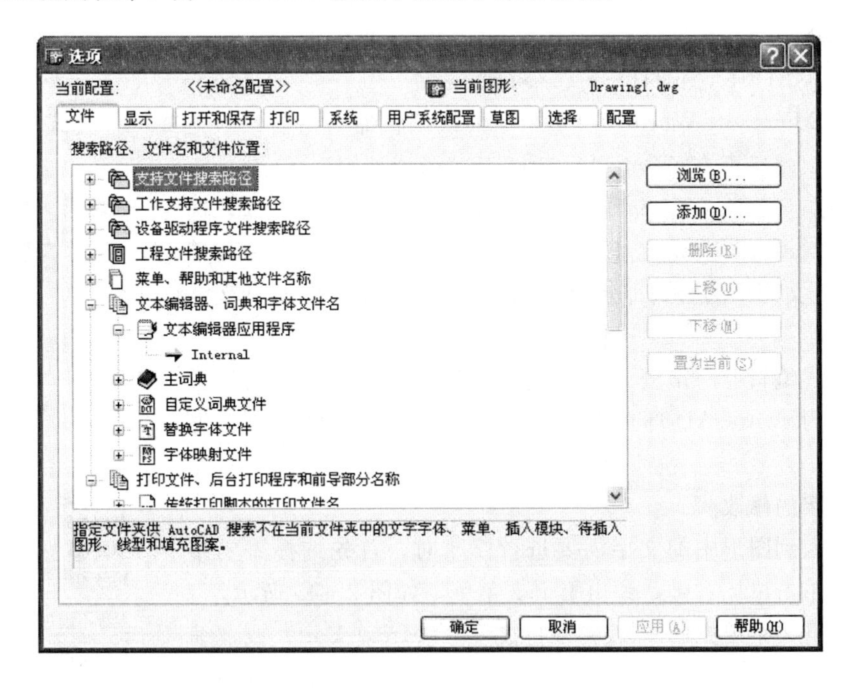

图 2-44　“选项”对话框

四、数学公式的输入

在工程设计图纸上，常需要书写出复杂曲线或曲面的数学表达式，AutoCAD 系统没有专门的数学公式编辑器，可以采用以下几种方式在 AutoCAD 的图形界面上添加数学公式。

1. “^”符号的应用

在工程图纸中经常需要标注一些立方米、平方米等有上下标的单位符号，AutoCAD 系统的多行文字编辑器中可以输入有上下标的符号。

例如，m^3 的符号的输入，首先在多行文字编辑器中输入如“m3^”的字样，然后用光标拖动方式选择“3^”，这时多行文字编辑器中的 $\frac{a}{b}$ 按钮就被激活了，再单击 $\frac{a}{b}$ 按钮，文字编辑框中“m3^”就变为 m^3，单击“确定 ”按钮即可。

“^”符号位于选择文字的前后顺序，会影响到文字的上下位置。“^”置于文字前可使文字下沉成为下标，置于文字后可使文字上浮成为上标。

2. 采用 OLE 链接（对象的链接与嵌入）方式输入数学公式

对象的链接与嵌入技术可使主应用程序与被链接的对象之间建立一种通信关系，可在 AutoCAD 环境下插入 Word 对象。

Microsoft Word 具有较强的公式编辑功能。在 Microsoft Word 中采用公式编辑器写出公式表达式，将公式表达式复制到剪贴板上，然后再在 AutoCAD 环境下选择“编辑”（edit）→“粘贴”（Paste ），Word 文档中的公式即转化成 AutoCAD 环境下的图片对象。该图片对象不能重新编辑或修改，但对图形文件打印出图的效果没有影响。

3. 将 Microsoft Word 环境下的公式表达式转化为 AutoCAD 环境下的单行文字对象

利用 Microsoft Word 较强的公式编辑功能，可以将 Microsoft Word 中的公式表达式转化为 AutoCAD 环境下的单行文字对象。

首先在 Microsoft Word 环境下采用公式编辑器写出公式表达式，将公式表达式复制到剪贴板上，然后再在 AutoCAD 环境下选择“编辑”（edit）→“选择性粘贴”（Paste special），弹出“选择性粘贴”对话框，选择作为“AutoCAD 图元（ Entities）”进行粘贴，单击“确定”按钮，Word 文档中的公式即转化成 AutoCAD 环境下的单行文字对象。

由于公式编辑器写出公式表达式复制到剪贴板上后为图片对象，在转化为 AutoCAD 环境下的单行文字对象时，可能会丢失一些信息。

五、文字的修改

对于加入到图形中的文字需要进行修改时，首先选择需要修改的文字，单击鼠标右键，弹出上下文菜单，如图 2-45 所示。

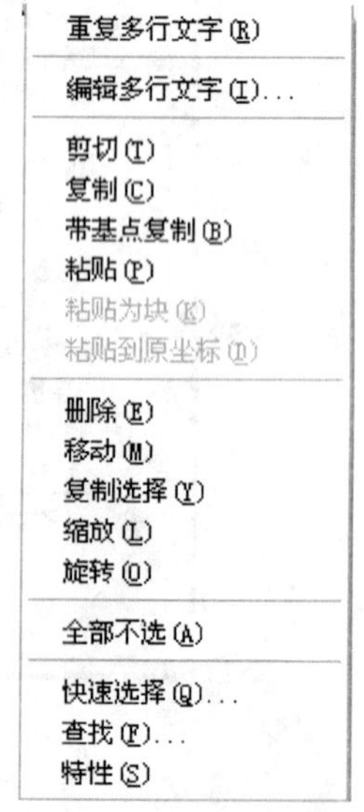

图 2-45　文字修改上下文菜单

选择上下文菜单中的“编辑多行文字”（Mtext Edit）或“编辑单行文字”（Text Edit）命令，弹出相应的多行文字文本编辑器，显示出需要修改的文字，就可以在文本编辑器中对需要修改的文字进行修改。

对采用多行文字编辑器输入文字进行修改时，可以修改其文字的内容、大小、字体的格式及放置的角度等属性。单行文字编辑器输入文字，实际上为 AutoCAD 系统的图元对象，因此采用单行文字编辑器输入文字在进行修改时，只能修改其文字的内容。

对加入到图形中的文字对象可以进行移动、旋转、复制和镜像等编辑操作。镜像文字时，会遇到这样的问题，文字被镜像后变成了反向文字。如果用户不想使文字反向，可以修改系统变量 MIRRTEXT 使其为 0，该变量在默认状态下为 1。

如果需要改变图形文件中所有文字的高度，可以选择下拉菜单中“修改”→特性，在弹出“特性”(Properties) 对话框中，选择文字对象高度选项，对选中的文字对象，统一进行一次性改变。还可以采用标准工具条中“特性匹配（格式刷)”来改变文字的高度和字体的式样。

当打开图形文件，发现文件中的字体是无法识别的乱码文字，或者为“?”符号，这种情况可以分别采取以下的处理方法：

1. 乱码文字的处理

图形文件中的文字会出现乱码，是因为图形文件的中文字式样，与本台计算机的 AutoCAD 系统的文字式样不匹配，所以文字会变成乱码。可以采用“特性”(Properties) 对话框，对乱码文字进行处理，步骤如下：

在下拉菜单中选择“格式”(Format) →“文字式样”(Text style)，弹出“文本类型”对话框，选择 AutoCAD 系统的标准 (standard) 文字式样作为当前的文字式样，将“字体名”改为中文的宋体或其他中文字体名；再在屏幕上选择需要修改的文字乱码，打开“对象特性” (Properties) 对话框，将乱码文字的式样改为 AutoCAD 系统标准 (standard) 文字样式，图纸中出现乱码文字即可得到正确的改变。

2. “?”符号的处理

“?”符号的出现主要是文字式样中的“字体名”不是中文字体名，处理的步骤是：在下拉菜单中选择“格式”(Format) →“文字式样”(Text style)，弹出“文本类型”对话框，将“字体名”改为中文的宋体或其他中文字体名，“?”符号即可得到正确的改变。

选择下拉菜单中“编辑”→“查找”，弹出“查找与替换”(Find and Replace) 对话框，如图 2-46 所示。

(1) 在“查找字符串”选项中输入需要查找的字符。

(2) 在“改为”选项中输入需要被替换的字符，选择“全部改为”。可以批量完成相同文字的修改。

六、替换字体

AutoCAD 文件在交流过程中，往往会因设计者使用和拥有不同的字体（特别是早期版本必须使用的单线字体)，而需为其指定替换字体，这种提示在每次启动 AutoCAD 后，打开已有文件都会出现。

这种字体替换可以在配置中一次指定，打开下拉菜单中的“工具”(Tool) →“选项”(Options)，弹出“选项”对话框，选择“替换字体文件”或执行 config 命令，在对话框中（指定替换字体文件）输入字体文件及其完整目录，下次启动 AutoCAD 打开已有文件

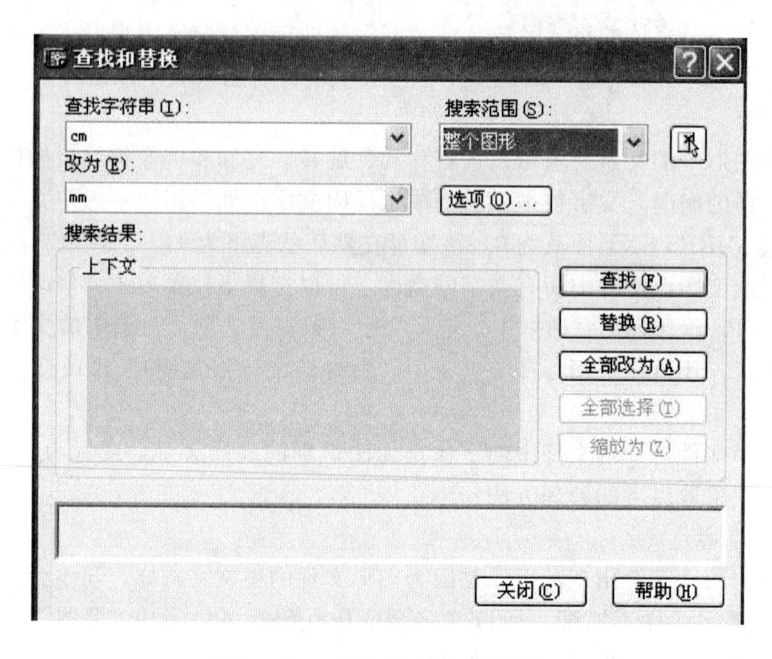

图 2-46　“查找与替换”对话框

时，字体替换提示将不再出现。

练　习　题

1. 用单行文字输入法输入一行倾角为45°，字高为5的中文文字，用多行文字输入法输入一行倾角为90°，字高为7的中文文字。

2. 输入一个“β=45°”的字符，字高为5。

3. 用输入文字（Import Text）按钮输入“高程以m计”的标准注释到AutoCAD图形窗口，再从Windows的资源管理器中输入该文本文件到AutoCAD图形窗口。

4. 将Word文档转化为AutoCAD环境下的多行文字对象。

5. 用两种方法在AutoCAD图形窗口上输入 $y = 3x^2$ 的数学公式。

6. 创建一组乱码文字，并进行处理，使之成为表达正确的文字。

7. 应用对象特性匹配的方法和对象特性对话框同时修改多组文字的高度。

8. 绘制一比例尺寸图形，如图2-47所示。

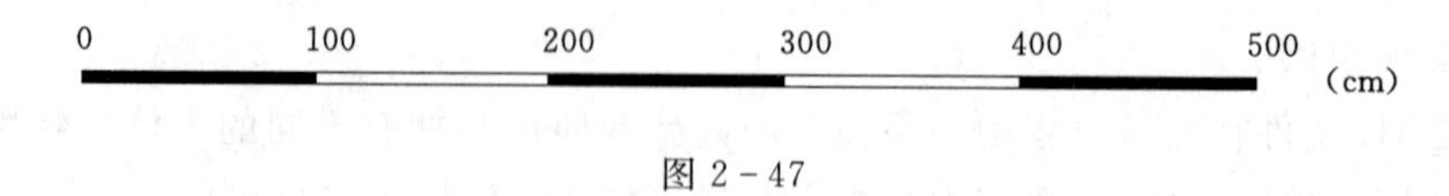

图 2-47

思　考　题

1. 单行文字输入法和多行文字输入法有何区别？

2. 为什么 AutoCAD 图形窗口上会出现乱码文字？
3. 将 Word 文档中公式转化到 AutoCAD 图形窗口上后，是什么格式？
4. 在输入汉字时为何出现“?”？怎样解决？

第七节　尺　寸　标　注

本节介绍标注样式的设置及各种类型的尺寸标注方式。AutoCAD 系统的尺寸标注模式图块如图 2-48 所示，该图块包括文字、尺寸线、箭头、尺寸界线、尺寸界线超过尺寸线距离，尺寸界线起点偏移量等图形元素。

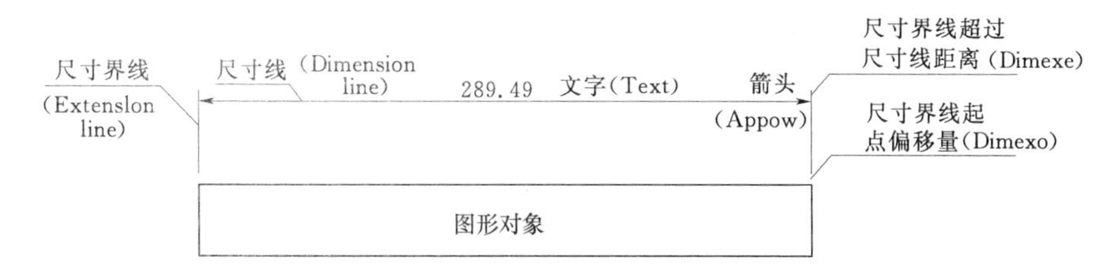

图 2-48　尺寸标注模式

一、尺寸标注样式的设置对话框

选择下拉菜单中的“格式”(Format) → “尺寸标注”(Dimension Style)，弹出“标注样式管理器”(Dimension Style Manager) 对话框，如图 2-49 所示。

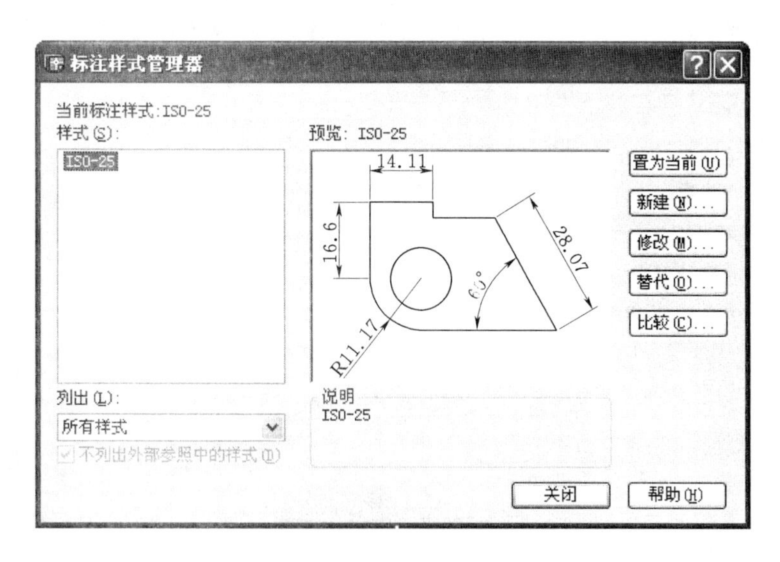

图 2-49　“标注样式管理器”对话框

在“标注样式管理器”对话框的左边的列表框中，列出的是标注样式（Dimension Style）的名称，AutoCAD 系统指定 ISO-25 为默认标注样式，中间是尺寸标注样式的预览区（preview）。

其中还有：

列出（List），下拉框中列出可供选择的所有的样式。

说明（Description），是尺寸标注样式的说明。

右边的一排按钮分别是：

（1）置为当前（Set Current），将选中的样式设置为当前尺寸标注的样式。

（2）新建（New），新建标注样式。选择“新建”（New），出现“创建新标注样式”对话框，如图 2-50 所示，输入名称及参考的标注样式，单击“继续”（Continue）按钮，弹出“新建标注样式”对话框（New Dimension Style），如图 2-51 所示，可进行新的标注样式设置。

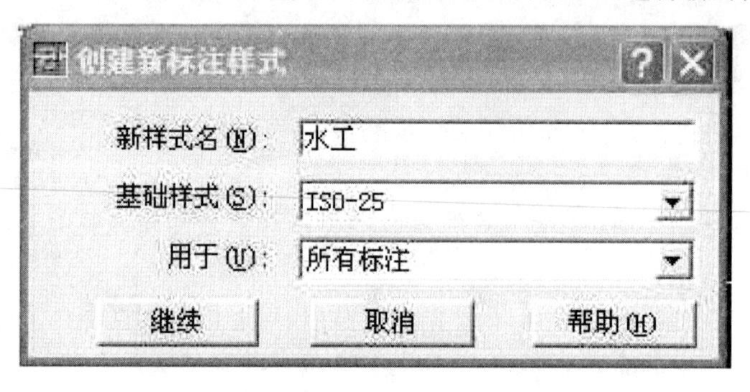

图 2-50　“创建新标注样式”对话框

（3）修改（Modify），修改设置尺寸标注的样式。单击“修改”（Modify）按钮，弹出“标注样式”对话框（Modify Dimension Style），其界面与图 2-51 一致，可进行尺寸标注样式的修改。

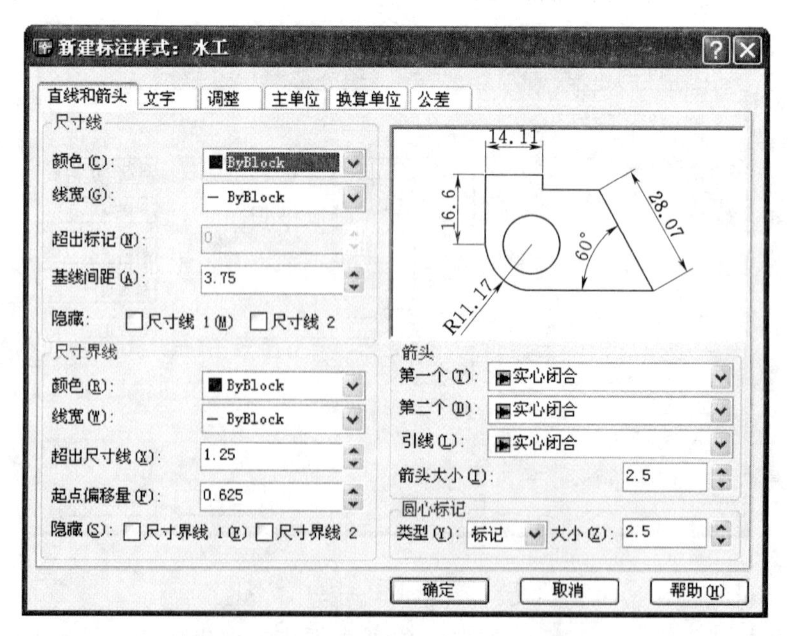

图 2-51　“新建标注样式”对话框

（4）替代（Override），弹出“替代当前样式”对话框，此时可以设置标注样式的临时替代值。AutoCAD 系统将替代值作为一种标注样式显示在左侧“标注样式”（Dimension Style）列表框中，并在右下角的“说明”（Description）栏里加以描述。

（5）比较（Compare），比较两种标注样式的区别或浏览一种标注样式的全部特性。单击该按钮可以弹出“比较样式”（Compare Dimension Style）对话框。

二、尺寸标注样式设置

在尺寸标注样式设置对话框中单击“新建（New）”按钮，弹出“创建新标注样式”对话框，如图2-50所示。

在“创建新标注样式”（New Style Name）选项中，输入新尺寸标注样式名称，如“水工”，作为新创建的主尺寸标注样式。选择“继续”（continue）按钮，弹出“新建标注样式”对话框，如图2-51所示。

“新建标注样式”设置对话框（New Dimension Style）和“修改标注样式”对话框（Modify Dimension Style），均有六个标签分别为：直线和箭头（Lines and Arrows）、文字（Text）、调整（Fit）、主单位（Primary Units）、换算单位（Alternate Units）、公差（Tolerance）。下面分别介绍其中各个选项的设置或修改要求：

（一）直线和箭头（Lines and Arrows）标签

在直线和箭头（Lines and Arrows）标签中有四个组合框。

1. 尺寸线（Dimension Lines）组合框

（1）可以设置尺寸标注线的颜色和线宽。

（2）超出标记（Extend beyond ticks）的设置，用于采用短斜线（Oblique）作为尺寸箭头时，设置尺寸线超出尺寸界线的长度。

（3）基线间距（Baseline spacing）的设置，用于设置两条尺寸线间的距离，也可以通过系统变量DIMDLI改变该设置。

（4）隐藏，尺寸线1（Dim Line 1）隐藏的效果如图2-52所示。

尺寸线2（Dim Line 2）隐藏的效果同理。

2. 尺寸界线（Extension Lines ）组合框

（1）设置尺寸界线的颜色和界线的线宽。

（2）超出尺寸线（Extend beyond dim）设置，是用于设置尺寸界线超出尺寸线的那一部分长度，也可以通过系统变量DIMEXE改变该设置。

（3）起点偏移量（Offset from origin ）设置，是用于设置尺寸界线的实际起始点与图形对象起始点之间的距离，也可以通过系统变量DIMEXO改变该设置。

（4）隐藏，尺寸界线1（Ext Line 1）隐藏的效果如图2-53所示。

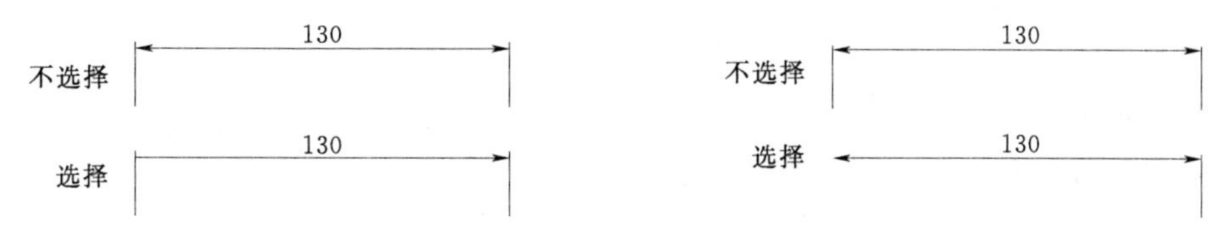

图2-52　尺寸线隐藏的效果　　　图2-53　尺寸界线隐藏的效果

尺寸界线2（Ext Line 2）隐藏的效果同理。

3. 箭头（Arrowheads）组合框

用于选择尺寸标注线两端的箭头形式，引出线的箭头形式，以及箭头的大小。可以通过系统变量 DIMASZ 改变箭头的大小设置。

4. 圆心标记（Center Marks for Circles）组合框

将尺寸线放在圆或圆弧的外边时，系统会自动绘制圆心标记。AutoCAD 系统提供了三种圆心标记类型。

（二）文字（Text）标签

1. 文字外观（Text Appearance）组合框

（1）可以设置标注文字的文字样式，标注文字的颜色及文字的高度。

（2）选择绘制文字边框（Draw frame around text）按钮，在标注的文字外加上方框，可以用来标注基准尺寸。

2. 文字放置的方式（Text Placement）组合框

可以设置文字放置的方式。

（1）水平放置方式有：

置中（centered），文字放置在尺寸线中间。

上方（above），文字放置在尺寸线上方。

外部（exter），文字放置在尺寸线之外。

（2）垂直放置方式有：

置中（centered），文字放置在尺寸线中间。

第一条尺寸线（at ext line 1），文字放置在尺寸线左端。

第二条尺寸线（at ext line 2），文字放置在尺寸线右端。

第一条尺寸界线上方（over ext line 1），文字放置在左端尺寸界线上。

第二条尺寸界线上方（over ext line 2），文字放置在右端尺寸界线上。

（3）尺寸线偏移（offset for dim line），设置文字离开尺寸线的距离，可以通过系统变量 DIMGAP 改变该设置。

3. 文字排列的方式（Text Alignment）组合框

可以设置文字排列的方式：

（1）水平放置文字。

（2）随标注线放置文字。

（3）ISO 标准放置文字，当文字在尺寸界线内时，文字与尺寸线对齐；当文字在尺寸界线外时，文字水平排列。

（三）调整（Fit）标签

1. 调整选项（Fit options）组合框

用于控制文字、箭头、引线和尺寸线的放置，选择标注时的自适应类型：

（1）文字和箭头取最佳效果（Either the text or arrows，which first best）。

（2）箭头（Arrows），当尺寸界线之间的距离不够大，该选项将尺寸箭头放在两尺寸界线之间，而将尺寸文本放在界线之外。

（3）文字（Text），该选项以尺寸文本为主要适应对象。

（4）文字和箭头（Both text and arrows），该选项同时以尺寸文本和箭头为适应对象。

（5）文本始终放置在尺寸界线之间（Always Keep Text Between Ext Lines），选择该

选项，文本在任何情况下都放置在尺寸界线之间。

2. 文字位置（Text Placement）组合框

用于设置当标注文本不在默认位置时所放置的位置：

（1）将文字放置尺寸线旁（Beside the dimension line）。

（2）将文字放置在尺寸线上方再加引线（Over the Dimension line with a leader）。

（3）将文字放置在尺寸线上方不加引线（Over the Dimension line without a leader）。

3. 标注特征比例（Scale for dimension features）组合框

用于设置全局标注的标注比例或图纸空间比例。

改变全局比例（Use Overall scale of ）设置，将改变包含文字的间距和箭头大小等整个标注样式图块的比例，这个比例不改变标注测量值。

当标注样式图块在图形对象上整体显得比例过大或过小时，可以直接调整标注特征比例，省去对各项参数的逐个调整的烦琐工作。也可以通过系统变量 DIMSCALE 修改该比例值。

按布局（图纸空间）缩放标注（Scale dimension to layout ），即根据当前图纸空间的比例确定比例因子。

4. 调整（Fine tuning）组合框

可以设置附加的适应类型。

（1）标注是手工放置文字（place Text Manually When Dimension ）选项将提示用户手工确定文本的位置。

（2）始终在尺寸界线之间绘制尺寸线（Always Draw Dim Line Between Ext Lines），将在箭头处于界线之外时加上标注线。

（四）主单位（Primary Units）标签

1. 线性标注（Linear Dimension）组合框

可以设置线性标注的单位格式及精度，还可以设置小数点分隔符以及标注文本的前缀和后缀。

（1）单位格式（Unit format），AutoCAD 系统的单位格式有科学、十进制、工程、建筑和分数等。

（2）精度（Precision），用于显示和设置所标注的文字的小数点位数。

（3）分数格式（Fracsion formt），用于在分数单位格式下，可以选择对角、水平等分数的标注形式。

（4）小数点分隔符（Decimal），用于选择在十进制单位格式下的分隔符。

（5）舍入（Round off），用于设置除角度标注之外的所有标注类型的标注测量值的四舍五入的规则。

2. 测量单位比例（Measurement Scale）组合框

用于设置尺寸标注时的测量单位比例。即可设置除角度之外的所有标注类型的线性标注测量值比例因子，系统按照在此项中输入的数值放大或缩小标注测量值。该长度比例值也可以有 DIMLFAC 系统变量改变。

在本章第一节中讲到工程设计图中建筑物结构图，应以 cm 为单位标注建筑物尺寸，但在实际绘图时仍可以用 m 为单位按 1：1 比例绘图，通过修改测量单位比例因子，就能达到以 cm 为单位标注建筑物尺寸的目的。

3. 消零（Zero Suppression ）组合框

用于确定是否将标注文字中小数点前后的零去掉。

（1）前导（Leading），即不输出十进制尺寸的前导零，如 0.900 变为 .900。

（2）后续（Trailing），即不输出十进制尺寸的后续零，如 1.500 变为 1.5。

4. 角度标注（Angular Dimension）组合框

用于可以设置角度标注的单位和精度。

（五）换算单位（Alternate Units）标签

可以设定公制、英制两种换算单位，在尺寸标注可以同时标注公制和英制两种尺寸文本。

1. 显示换算单位（Display alternate units）复选框

选择该选项，将在尺寸标注时同时标注公制和英制两种尺寸文本。

2. 换算单位（Alternate Units）组合框

若将英制单位视为替代尺寸，该组合框可以设置替代尺寸的单位和精度，还可以设置替代尺寸文本位置以及替代尺寸文本的前缀和后缀。

3. 位置（Placement ）组合框

用于选择替代尺寸文本放在尺寸文本之后或者之下。

（六）公差（Tolerance）标签

在公差格式（Tolerance Format）组合框中，可以设置公差标注的方式和精度，上偏差和下偏差值，偏差文字的高度缩放值，尺寸文本的对齐方式。

创建了新的主尺寸标注样式“水工”后，还可以建立以“水工”为主尺寸标注样式的子尺寸标注样式，以满足某些尺寸标注时的特殊要求。如图 2-49 所示的“标注样式管理器”对话框中，在“样式”（Style）选择框中选择“水工”，在右边的按钮中选择“新建”（New），同样出现如图 2-50 所示的“创建新标注样式”对话框，在“用于”（Use for）选项中，选择“半径”（Radial）等，选择“继续”（continue），弹出“修改标注样式”对话框，可以对诸如半径（Radial）的子尺寸标注样式的各项进行设置。

可以创建的子尺寸标注样式有：

（1）直线标注（Line Dimension）。

（2）角度标注（Angular Dimension）。

（3）半径标注（Radius Dimension）。

（4）直径标注（Diameter Dimension）。

（5）坐标标注（Ordinate Dimension）。

（6）引线与公差标注（Leader and Tolerance）。

尺寸标注时，系统优先采用子尺寸标注样式，若某类型标注没有子尺寸标注样式，则采用主尺寸标注样式。

三、尺寸标注

1. 正向线性标注（dimlinear）

用于标注对象在当前坐标系下 X 轴和 Y 轴方向上的尺寸。

在文本窗口输入命令：dimlinear 或在下拉菜单中选择“标注”（Dimension）→“线

性标注”（Linear Dimension），文本窗口出现提示：

指定第一条尺寸界线原点或<选择对象>：（用于在需要标注的图形对象附近拾取第一个点）
指定第二条尺寸界线原点：（用于在需要标注的图形对象附近拾取第二个点）
指定尺寸线位置或［多行文字（M）/文字（T）/角度（A）/水平（H）/垂直（V）/旋转（R）］：

用户可以根据需要选择上述选项，对图形对象进行正向线性标注。如在第一条、第二条提示下，直接在需要进行标注的图形对象附近拾取点，系统按测量的尺寸值完成正向线性标注；如在第三条提示下输入：m，系统弹出多行文本编辑器，可以重新输入线性标注的文字。

2. 斜向（对齐）线性标注（dimaligned）

用于对倾斜线的图形对象进行标注。

在文本窗口输入命令：dimaligned 或在下拉菜单中选择“标注”（Dimension）→“对齐”（Aligned Dimension），文本窗口出现提示：

指定第一条尺寸界线原点或<选择对象>：（用于在需要标注的图形对象附近拾取第一个点）
指定第二条尺寸界线原点：（用于在需要标注的图形对象附近拾取第二个点）
指定尺寸线位置或［多行文字（M）/文字（T）/角度（A）］：m（用于重新输入线性标注的文字）

同正向线性标注一样，用户可以根据需要选择上述选项，完成斜向线性标注。

3. 坐标标注（dimordinate）

在下拉菜单中选择“标注”（Dimension）→“坐标”（Ordinate Dimension），可以对图形对象的某坐标点进行当前坐标系下 X 和 Y 坐标标注或作说明。用户在文本窗口提示下可以选择标注的内容和方向。

4. 半径标注（dimradius）

在下拉菜单中选择“标注”（Dimension）→“半径”（Radius Dimension），直接选择圆或圆弧，便出现对圆或圆弧进行半径标注的模块，单击鼠标左键，即完成半径标注。

5. 直径标注（dimdiameter）

在下拉菜单中选择“标注”（Dimension）→“直径”（Diameter Dimension），直接选择圆或圆弧，便出现对圆或圆弧进行直径标注的模块，单击鼠标左键，即完成直径标注。

6. 角度标注（dimangular）

在下拉菜单中选择“标注”（Dimension）→“角度”（Angular Dimension），按提示选择对象，可以标注圆、圆弧和两相交线之间的角度。

7. 基线标注（dimbaseline）

在下拉菜单中选择“标注”（Dimension）→“线性标注”（Linear Dimension），用线性标注相同的方法，首先标注出图形对象的第一段基线尺寸；接着在下拉菜单中选择“标注”（Dimension）→“基线”（Baseline Dimension），系统根据用户所选择图形对象的不同点，以相同的基准对图形对象进行向下标注，如图 2-54 所示。

8. 连续标注（dimcontinue）

在下拉菜单中选择“标注”（Dimension）→“线性标注”（Linear Dimension），用线性标注相同的方法，首先标注出图形对象的第一段线性尺寸；接着在下拉菜单中选择“标注”（Dimension）→“连续”（Continue Dimension），系统根据用户所选择图形对象的不同点，依次按间隔进行标注，如图2-55所示。

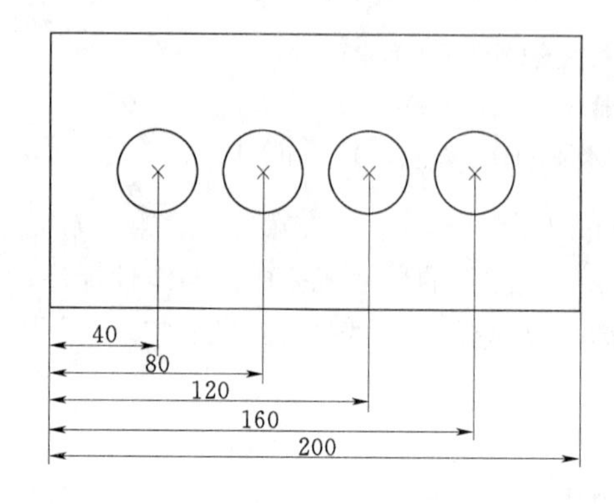

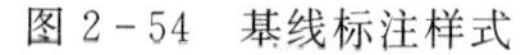

图2-54 基线标注样式

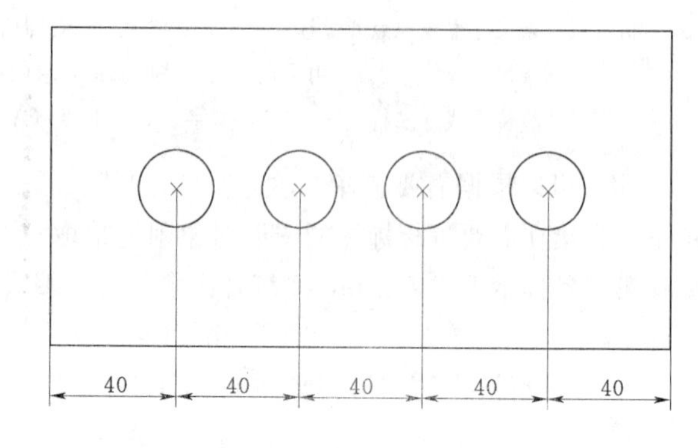

图2-55 连续标注样式

9. 引线标注（qleader）

引线标注用于对小尺寸，如小孔洞的标注。在下拉菜单中选择“标注”（Dimension）→“引线”（Quick Leader），文本窗口出现提示：

命令：_qleader

指定第一个引线点或［设置（S）］<设置>（指定引线标注的第一个引线点）

指定下一点：（指定引线标注的第二个引线点）

指定下一点：（指定引线标注的第三个引线点，三个点构成引线标注的指示线）

指定文字宽度<0>：（不需要重新设置文字宽度时，回车确认）

输入注释文字的第一行<多行文字（M）>（输入标注的文字，回车确认）

在文本窗口输入：S，弹出“引线点设置”对话框，可以对引线标注进行设置，设置对话框中有三个标签页。完成了引线标注的设置后，便可在文本窗口的提示下进行引线标注。

10. 圆心标记（dimcenter）

用来标记圆和圆弧，样式可以在“标注样式管理器”对话框中进行定义。

选择“圆心标记”或输入命令：_dimcenter，在文本窗口的提示下，选择圆弧或圆，系统对所选择的圆弧或圆进行圆心标记。

四、编辑尺寸标注

当需要对已有的尺寸标注进行编辑修改时，用户可以通过对象“特性”（properties）对话框来修改已有的尺寸标注。

下拉菜单中选择“修改”（Modify）→“对象特性”（properties），弹出“特性”对话框，如图2-56所示。

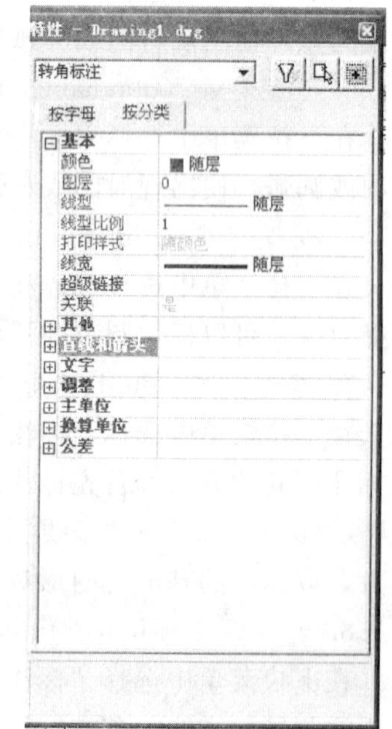

图2-56 “特性”对话框

用户选择需要编辑和修改的项目，如选择直线和箭头、文字、调整等选项，可以重新进行设置和修改。

“特性”对话框中的“文字替代”可以帮助用户更好地

进行图形应用和参照。在工程设计中，绘制形状相似，但尺寸大小不同的部件的草图是经常可以遇到的问题。按照标准的尺寸重新进行绘制，费时又费力。可以采用“文字替代”的方法，修改已经绘制好的近似图形的标注，以快速地得到新草图。

练　习　题

1. 在“尺寸与箭头（Lines and Arrows）”标签中，修改尺寸界线超出尺寸线的那一部分长度和尺寸界线的起始点偏移量。

2. 绘制一段直线，进行线性标注，再使用全局比例选项，一次性调整改变尺寸标注样式的比例。

3. 在“工程”的主尺寸标注样式中，设置一个半径标注的子尺寸标注模式（半径标注总为水平）。

4. 以 m 为单位绘图后，以 cm 为单位标注尺寸。

5. 应用基线标注完成如图 2－57 所示的标注。

6. 绘制重力坝剖面图，并进行斜坡坡比等标注，如图 2－58 所示。

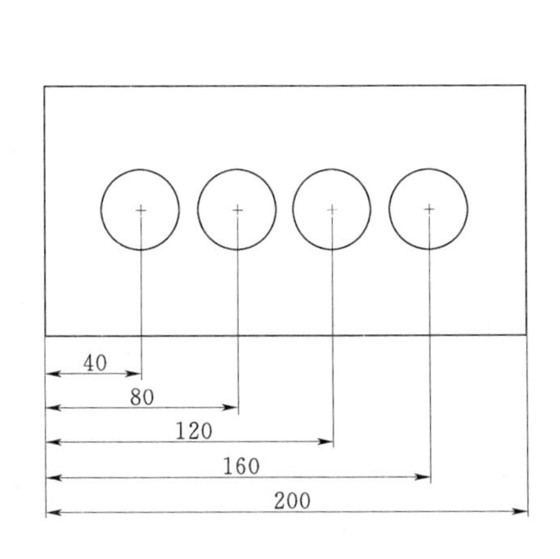

图 2－57　基线标注

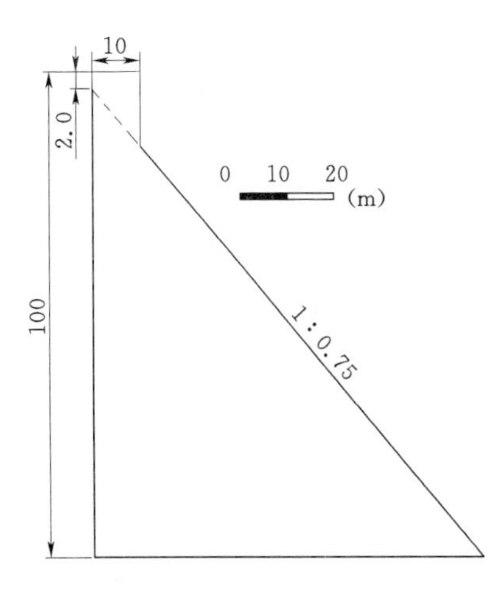

图 2－58　斜坡坡比标注

7. 应用坐标标注方式完成如图 2－59 所示的桩号标注。

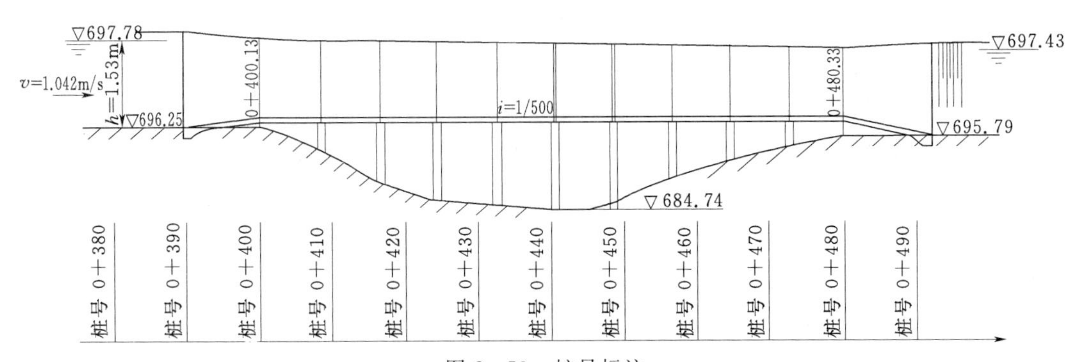

图 2－59　桩号标注

8. 绘制一条横坐标轴（坐标轴长 100），并标注出坐标轴上的刻度（X=0～90）。如图 2-60 所示

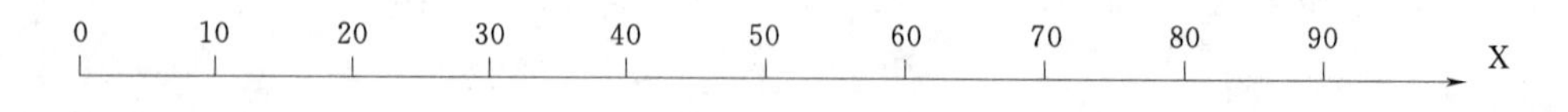

图 2-60　坐标轴

思　考　题

1. 尺寸标注时，系统如何选择主尺寸标注样式和子尺寸标注样式？
2. “文字替代”在尺寸标注中有何意义？

第八节　图形的显示与控制

在利用 AutoCAD 进行绘图时，经常要使用到图形显示控制命令。

一、刷新与重画

当打开一幅新的图形文件时，AutoCAD 系统就以 14 位的有效数值的精度来计算当前视图。计算时，AutoCAD 系统将显示器当成一个 32000×32000 像素的屏幕区处理，这个 32000×32000 像素大小的区域成为虚拟屏幕，虚拟屏幕包含最近一次的图形刷新或重新计算过的图形数据库。

1. 重画（redraw）

该命令可以清洁图形，重画对象，进行显示的更新，但没有重新计算图形数据库的过程。

2. 重生成（regen）

该命令即要重画的对象，进行显示的更新，还要重新计算刷新图形数据库以修改虚拟屏幕。应用该命令，屏幕得到清理，图形中的圆和圆弧被光滑、净化。

3. 清理屏幕

有时当用鼠标在屏幕上单击后，屏幕上会在相应的位置出现一个十字标记，这些十字标记在程序中仅仅起到标识的作用，并不是真正的绘图图元。在操作多次以后，屏幕上的十字标记会越来越多，使图面看起来不美观不清晰，有点像徒手绘图时在图面上留下许多铅笔底稿的痕迹。这时，可以选择下拉菜单中的“视图”（view）→“重画”（redraw）命令，系统会保留屏幕上的绘制的图元对象，清除屏幕上的十字标记。下拉菜单中的“视图”（view）→“重生成”（regen）命令也能执行屏幕清理的任务，同时它还要更新图形数据库，因此比“重画”（redraw）命令的耗时长。

AutoCAD 系统也提供了取消十字标记的功能，在文本窗口中输入命令：Blipmode，文本窗口出现提示：

输入模式［开（ON）/关（OFF）］<ON>：

这时该命令的默认状态是十字标记选项为打开状态，在其后输入 OFF 或 ON 并回车确认，十字标记再不会出现了。

二、图形显示控制命令

1. 缩放（ZOOM）

缩放是通过将图形视图放大缩小，或者是靠近图形、远离图形，来控制图形的显示，以帮助用户进行绘图。缩放命令是缩放屏幕上图形的视图，并不影响图形的实际大小，该命令可以透明使用，也就是说该命令可以在其他命令执行过程中运行。缩放命令的下一级的主要菜单命令有：

（1）窗口（Window）：用户可以用一个窗口选择图形的某一部分将其放大显示，指定窗口的中心成为新显示屏幕的中心。

（2）全部（All）：应用该命令，用户可以看到图形界线区域的完整显现。

（3）放大（In）：应用该命令，用户可以放大图形显示。

（4）缩小（Out）：应用该命令，用户可以缩小图形显示。

（5）范围（Extents）：应用该命令，用户可以看到当前图形文件的完整显现。即使有的图形对象不在图形界线区域内，也能在屏幕上显示出来。在三维视图显示中同“全部”（All）的功能。

2. 平移（Pan）

平移命令中有实时移动图形命令和定向移动图形命令等选项。

3. 鸟瞰视图（dsviewer）

鸟瞰视图命令提供用户一个“鸟瞰视图”窗口，帮助用户从整体到局部来观察视图。

三、同时打开多个图形文件

绘图过程中，用户需要同时观察多个图形文件，AutoCAD 200X 提供了在一个窗口中同时打开多个图形文件的功能。

选择下拉菜单中的“窗口”（Window），并选择重叠、水平或垂直排列图形文件命令即可。这样可以对照相关的多个图形文件，进行参考、复制、修改，还可以将一个图形文件中的图形直接用鼠标拖到另一个图形文件中，极大地方便了设计工作。

四、清理图形

图形文件通过反复复制、参照利用，会使得在图形文件中存在着一些没有使用的图层、图块、文本样式、尺寸标注样式、线型等无用对象和属性。这些无用对象和属性不仅增大文件的容量，而且能降低 AutoCAD 系统的使用性能。可以通过清理图形，清除图形文件中的无用对象和属性，减小图形文件的容量。

（1）使用“清理（Purge）”命令进行图形清理。打开下拉菜单中“文件”→“图形实用程序”→“清理”（PURGE），或输入命令：PURGE，弹出“清理”（Purge）对话框，如图 2－61 所示。在一次清理过程中，用户需要反复单击几次“全部清理”按钮，直到按钮变为灰色为止。

由于图形对象经常出现嵌套，因此用户还需要再接连使用几次“清理”（Purge）命

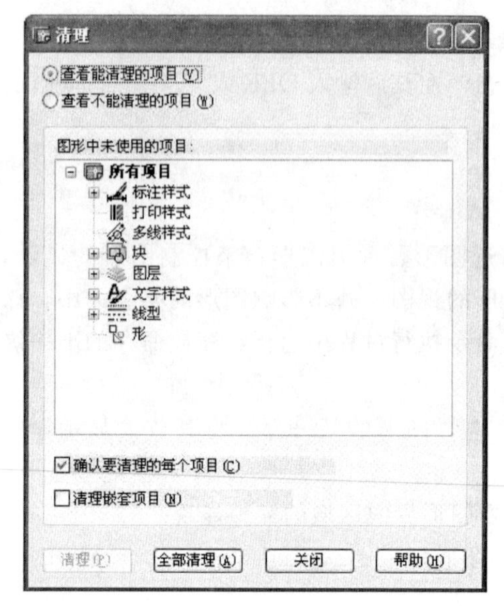

图2-61　“清理”对话框

令，才能将无用对象清理干净。

(2) 使用“复制”、“粘贴”的方式为DWG文件瘦身。使用“复制”命令，选择当前图形文件中有用的图形对象，再“粘贴”到另一个新建的图形文件中时，新建的图形文件仅保留了当前图形文件中有用的图形对象及相关信息，而不再保留与有用的图形对象无关的信息。

具体操作步骤：选择当前图形文件中有用的图形对象，选择下拉菜单中的“编辑”→“复制”，打开一个创建新的图形文件界面，再选择下拉菜单中的“编辑”→“粘贴”，并将新建的图形文件保存起来，再与原图形文件的容量大小进行对比，可以达到较好的瘦身效果。

思　考　题

1. 怎样实现当前图形文件中的所有图形对象的完整显现?
2. 为什么要“清理”图形文件？有什么作用？如何进行“清理”?
3. 圆的周边出现多边形的情况怎样解决?

第九节　图　案　填　充

一、图案填充

单击“图案填充”(Bhatch) 工具，弹出“边界图案填充”(Boundary Hatch) 对话框，如图2-62所示，单击“图案 (Pattern)”按钮，出现可供选择的各类填充图案，选择需要的图案，返回到“边界图案填充”对话框，单击“拾取点”(pick points) 按钮，系统随即返回到绘图窗口，在需要填充图案的图形区域内拾取一点，回车确认，返回到“边界图案填充”对话框，单击“确定”按钮，系统自动填充整个图形区域。在图案填充时，还需注意如下问题：

(1) 由于需要填充的图形区域的尺寸大小不同，会出现填充的图案显得太密集或太稀疏，因此在填充时，需要根据图形区域的尺寸大小，适当地调整图案填充对话框中的“比例”(Scale)，以适应需要填充的区域尺寸大小。

(2) 用户可以改变填充图案的“角度”(Angle)，在“边界图案填充”对话框中设置的角度，是在原填充线的角度上增加的角度。

(3) 系统只能对封闭的区域进行图案填充，如果需要填充的图形区域没有闭合，系统会出现如图2-63所示的错误边界警告。

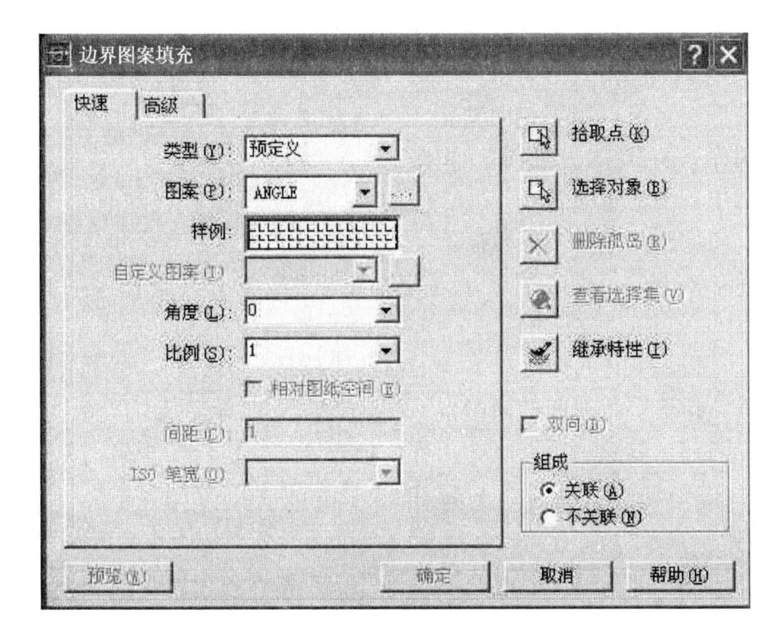

图 2-62　“边界图案填充”对话框

(4) 如果需要把文本或其他物体放在剖面线模式内，则务必先给文本留出地方。可以在要画剖面线的图形中画一个长方形，然后输入文本并擦除长方形边框，这一方法可以对围绕文本的空白区域的形状和大小总体控制；也可以先输入文本再画剖面线，AutoCAD 系统便可以控制空白区域，先输入文本的方法更适用。

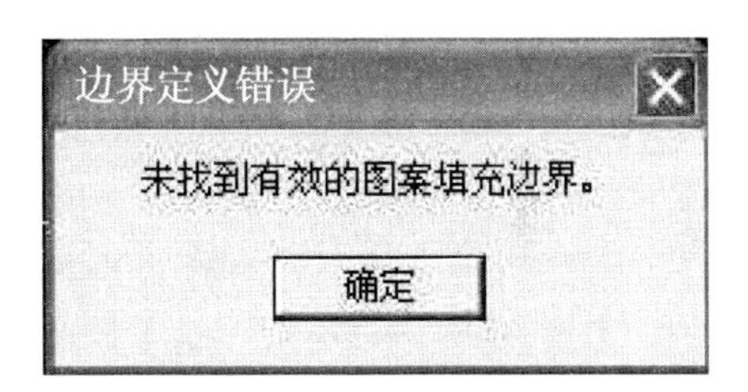

图 2-63　错误边界警告

(5) “ISO 笔宽”选项仅对 ISO 的填充图案和线形有效。

(6) 水利水电工程中，许多结构物的剖面图上常常只需要进行局部的混凝土图案的填充，可先在结构物的剖面图之外，绘制一个较小的封闭区域，并对该区域进行混凝土图案的填充，再将填充的混凝土图案复制到结构物的剖面图的局部位置上。

图案填充有着特殊的性质：

(1) 整个填充的图案是一个块。

(2) 填充的图案和被填充的图形对象是相互关联的，当图形对象边界改变了，图案填充会自动地拟合以适应改变后的图形边界。

二、定制填充图案

AutoCAD 自带的图案库虽然系统内容丰富，但有时仍然不能满足需要，这时用户可以自定义图案来进行填充。AutoCAD 系统的填充图案都保存在一个名为 acad.pat 的库文件中，其默认的路径为 \ Acad 200X \ Support 目录下。用户可以用文本编辑器对该文件直接进行编辑，添加自定义图案的语句；也可以在文本编辑器中编写自定义图案文件，创建自己的 .pat 文件，为图案填充式样添加新的图案式样。

填充的图案实际上是由一组或几组平行线构成的，图案中某一条线的定义方法与线型定义类似，还需要指定线的倾斜度及平行线的间距。

填充图案文本文件的格式由以下两行组成：

第一行：*图案名字，图案说明文字。

第二行：角度，X坐标，Y坐标，X增量，Y增量，线段长度，空白的长度。

其中第二行中各项的定义为：

（1）角度，图案中线条的倾斜角度。

（2）X坐标，Y坐标，指定基点的X坐标，Y坐标，即填充图案的直线族中的一条直线所经过的点的X轴、Y轴坐标。

（3）X增量，相邻平行线间沿线本身方向的错位量。

（4）Y增量，指定平行线间的间距。

（5）线形说明，正数表示短划线的长度，负数表示空白段的距离，0表示一个点。

（6）图案定义文件的每一行最多可包含80个字符。

1. 创建图案文件

下面是显示如图2-64所示图案的图案文件，需采用文本格式编写。

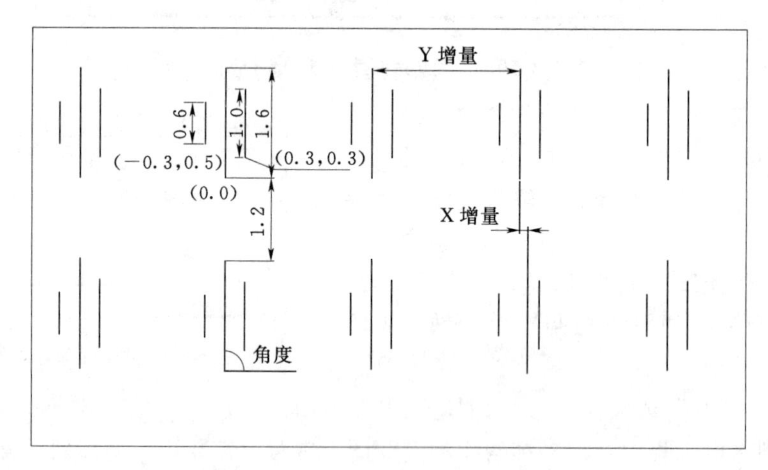

图2-64 创建图案文件示意图

```
*Newpat，New pattern
90，0，0，0，2.2，1.6，−1.2
90，−0.3，0.5，0，2.2，0.6，−2.2
90，0.3，0.3，0，2.2，1.0，−1.8
```

2. 图案文件的存储

（1）将创建图案文件所在的文件夹添加到AutoCAD系统支持文件搜索的路径中。操作步骤如下：

选择下拉菜单中的“工具”（Tool）→“选项”（Options），在“选项”（Options）对话框中，选择“文件”（File）标签中的“支持文件搜索路径”（support File Search Path），单击右边的“添加”（Add）按钮，“支持文件搜索路径”下立即增加一个空白矩形框，单击“浏览”（Browe）按钮，打开“浏览文件夹”对话框，选择创建图案文件所在的文件夹，单击“确定”按钮，即将创建的图案文件所在的文件夹添加到AutoCAD系统支持文件搜索的路径中，也就是添加到“支持文件搜索路径”下的空白矩形框中。在需要采用新图案文件填充图形时，系统会自动搜索到该图案文件。

(2) 直接将创建的图案文件保存到 AutoCAD 200X/support 文件夹中。

3. 利用自定义图案文件进行图案填充

选择图案填充工具，打开“边界图案填充”对话框，在“类型”(Type) 下拉表中选择“自定义”(Custom) 选项，单击“自定义图案”(Custom Pattern) 右边的“浏览”按钮，打开“填充图案控制板”(Hatch Pattern Palette)，选择创建图案文件所在的文件夹，单击“确定”按钮，返回图案填充对话框，即可采用新的图案进行填充了。

练　习　题

1. 绘制 T 形梁结构，对角点进行“倒圆”，并进行图案填充。如图 2－65 所示

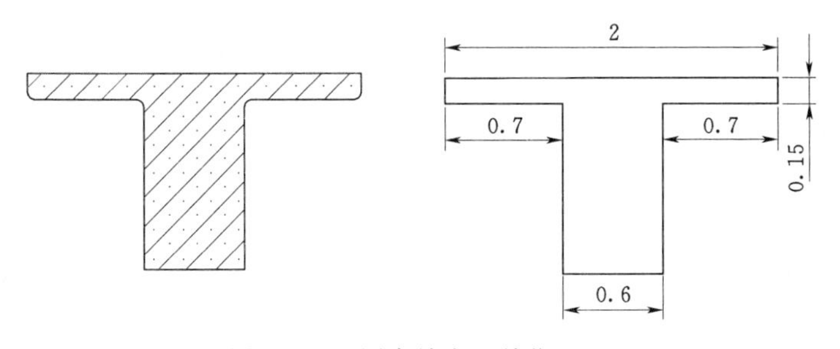

图 2－65　图案填充（单位：m）

2. 创建由一条线组成的图案文件（＊.pat）文件，并应用该图案文件进行填充。

3. 绘制如图 2－66 所示的五角星图形。

4. 绘制如图 2－67 所示的铁艺门图形

图 2－66　五角星图形

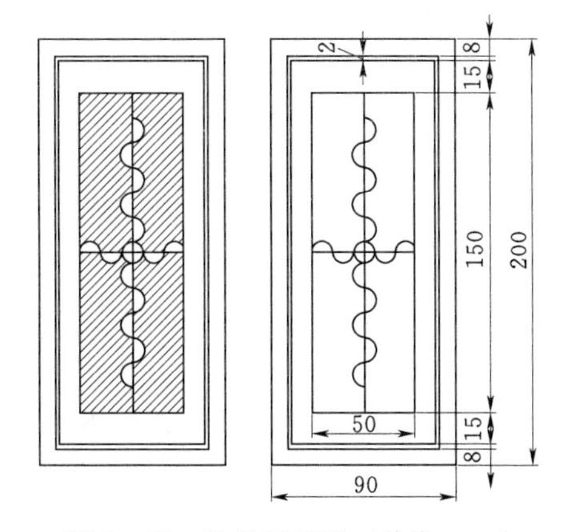

图 2－67　铁艺门图形（单位：cm）

思　考　题

1. 如果不能对选择的图形区域进行图案填充，原因是什么？

2. 对选择的图形区域进行图案填充后，当要改变图形区域大小时，需要重新进行填充吗？为什么？

3. 如何进行结构物剖面图上混凝土图案的局部填充？

第十节 获取图形环境数据

数值计算是进行精确绘图的必要条件。在AutoCAD系统中，可利用AutoCAD图形化操作方法，对图形文件中的点、距离、面积以及角度进行计算和数值查询。

一、数据查询

（一）任意点的坐标值查询

ID命令用于查询任意点的坐标值。

命令：ID

文本窗口出现提示：

指定点（specify point）：

用户即可以在屏幕上选择所要查询的点，文本窗口即显示该点的坐标值。

（二）查询

在下拉菜单中选择“工具”（tools）→“查询”（inquiry），可以进行以下选项的查询。

1. 距离（Distance）

在文本窗口的提示下，可以查询两点间的距离。这两个点可以在屏幕上直接选取，也可以从键盘上输入。文本窗口显示的信息包括：

（1）两点之间的距离。

（2）X、Y、Z三个方向的增量。

（3）由两点构成的直线在XY平面内的角度。

2. 二维图形的面积（Area）

在文本窗口的提示下，指定任意封闭的图形区域上的点，系统即可计算用户定义的封闭的图形区域的面积大小。封闭的图形区域包括圆、多边形、封闭的多义线，也可以是一组闭合的且端点相连的图形对象。但对于不同类别的图形，其计算方法也不尽相同。

（1）简单的封闭图形对象。对于由简单的直线组成的封闭图形对象，如矩形、三角形，任意多边形等。只需直接执行命令area。

命令：_ area
指定第一个角点或[对象（O）/加（A）/减（S）]：

1）选择“指定第一个角点”的选项进行查询，其步骤是：依次捕捉选取矩形或三角形各转折点后，回车确认，AutoCAD系统将自动计算面积（Area）、周长（Perimeter），并将其结果列于文本窗口。

2）选择“对象”（O）的选项进行查询，因为圆或其他多段线（Polyline）、样条线（Spline）组成的二维封闭图形，可以看作为一个图形对象，根据文本窗口的提示，直接选择要计算的 AutoCAD 系统的图形对象，查询结果即列于文本窗口。

（2）复杂的封闭图形对象。对于由简单的直线、圆弧等多个图形对象组成的复杂的封闭图形对象，不能直接执行 area 命令计算图形面积，首先将要计算面积的图形创建成一个面域（region）。

在下拉菜单中选择“绘图”（Draw）→“面域”（region），或在文本窗口输入命令：region，在文本窗口提示下选择组成复杂封闭图形的整个图形对象，使之形成一个三维面域，再执行命令 area，选择“对象”（O）选项，根据文本窗口提示，选择刚建立的面域图形，AutoCAD 系统将自动计算面积、周长，并且还显示该面域的惯性矩、面积矩、实体的质心等属性。

3. 列表（List）

用于检索 AutoCAD 系统存储在图形数据库中的对象信息，这些信息包括：图元对象的位置坐标、图层、颜色及线型；文字对象的插入点、高度、旋转角式样等。

4. 质量特性（Massprop）

“质量特性”选项，用于计算二维面域或三维实体的质量特性。若选择的对象为二维面域，则 Massprop 命令执行后，显示其面积、周长、边界框、质心。若选择三维实体，如图 2-68 所示，Massprop 命令执行后，显示如下质量特性：

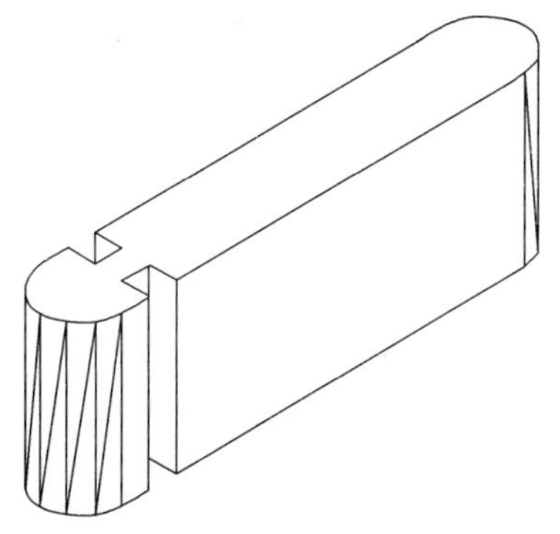

图 2-68　闸墩的三维实体图

质量：300.4116

体积：300.4116

边界框：X：144.5393—162.5393

Y：181.0203—184.0203

Z：0.0000—6.0000

质心：X：153.7790

Y：182.5203

Z：3.0000

惯性矩：X：10011634.9015

Y：7115159.2038

Z：17119584.2259

惯性积：XY：8431892.1547

YZ：164493.7124

ZX：138590.9932

旋转半径：X：182.5552

Y：153.8983

Z：238.7197

主力矩与质心的 X-Y-Z 方向：

I：1114.5936 沿 [1.0000　0.0000　0.0000]

J：8327.9827 沿 [0.0000　1.0000　0.0000]

K：7640.1065 沿 [0.0000　0.0000　1.0000]

这些物理量有助于进行物体的力学分析，如：

（1）惯性矩，用于计算绕给定的轴旋转对象（例如车轮绕车轴旋转）时所需的力。

$$惯性矩=质量\times距离^2$$

（2）惯性积，用于确定导致对象运动的力的特性。

$$惯性积_{YZXZ}=质量\times质心到YZ轴的距离\times质心到XZ轴的距离$$

（3）旋转半径。

$$旋转半径=（惯性矩/实体质量）^{1/2}$$

二、数值计算

AutoCAD系统具有内部函数计算器功能，其命令：cal，能为工程图形的绘制过程提供在线计算功能。

AutoCAD系统的几何计算器cal，即具有和普通的计算器一样的功能，可以完成加、减、乘、除运算以及三角函数的运算，这使得用户在使用AutoCAD系统绘图过程中，可以在不中断命令的情况下，利用其计算功能进行算术运算，AutoCAD系统则将运算的结果直接作为命令的参数使用。cal还具有与一般的计算器不同的功能，即AutoCAD系统的几何计算器可以进行几何运算，它可以进行坐标点和坐标点之间的加减运算，使用AutoCAD系统的“捕捉（OSNAP）”模式，捕捉屏幕上的坐标点参与运算；还可以自动计算几何坐标点，如计算两条相交直线的交点，计算直线上的等分点等。此外，AutoCAD系统的几何计算器还具有计算线段的矢量和法线的功能。

在AutoCAD系统的文本窗口，输入命令：cal，将启动内部函数计算器功能命令，系统自动完成输入的表达式的计算工作。

1. AutoCAD系统的普通的计算器功能

作为一个普通的计算器，可以用来计算与加、减、乘、除等有关标准数学表达式，并遵从运算表达式的标准数学运算次序。cal支持建立在科学/工程计算器之上的大多数标准函数，主要包括：

Sin（角度）返回角度的正弦值。

Cos（角度）返回角度的余弦值。

Tang（角度）返回角度的正切值。

Asin（实数）返回实数的反正弦值（实数必须在−1～1之间）。

Acos（实数）返回实数的反余弦值（实数必须在−1～1之间）。

Ln（实数）返回实数的自然对数值。

Log（实数）返回实数的以10为底的对数值。

Exp（实数）返回实数E的幂值。

Exp10（实数）返回实数10的幂值。

Sqr（实数）返回实数的平方值。

Sqrt（实数）返回实数的平方根值。

Abs（实数）返回实数的绝对值。

Round（实数）返回实数的整数值（最近整数）。

Trunc（实数）返回实数的整数部分。

R2d（角度）将角度值由弧度转化为度，例如 r2d（pi），将常数 p 转为 180°。

D2r（角度）将角度值由度转化为弧度，例如 d2r（180），转换 180°为 p 弧度值。

Pi（角度）常量 π。

2. 图形绘制中的函数及几何计算

当透明执行’cal 命令时，其计算结果被解释为 AutoCAD 系统命令的一个输入值。常见函数功能说明：

ang（p1，p2）：计算 X 轴与直线（p1，p2）之夹角值。

ang（顶点，p1，p2）：计算二直线（顶点，p1）与（顶点，p2）之夹角。

dist（p1，p2）或 dist（end，end）：计算 p1 及 p2 间的距离。

dpl（p，p1，p2）：计算点 p 与经过 p1、p2 的直线最短距离。

ill（p1，p2，p3，p4）：用于计算二直线（p1，p2）与（p3，p4）的交叉点的坐标值。

cur：用于提示用户在屏幕上拾取一个点或输入坐标值的方式来获取点的坐标值。

例：命令：cal

≫表达式：（cur+cur）/2

≫输入点：（在屏幕上拾取一个点）

≫输入点：（在屏幕上拾取另一个点）

（135.0　190.0　0.0），AutoCAD 系统计算出由两个点连接成的直线的中点坐标值。

rad：用于计算圆或弧的半径值。

mid：选择图元，计算出图元中点坐标值。

mee：用于描述二端点间的中点坐标值，计算器 mee 模式当作点坐标的临时存储单元。

cen：用于描述圆心点坐标值，计算器将 cen 模式当作点坐标的临时存储单元。

end：用于描述端点坐标值，计算器将 end 模式当作点坐标的临时存储单元。

nee：以直线两端点坐标来计算该直线的法线单位矢量，计算器将 nee 模式当作点坐标的临时存储单元。

vee：以直线两端点坐标来计算该直线的单位矢量，计算器将 vee 模式当作点坐标的临时存储单元。

dee：用于描述两个端点之间的距离，计算器将 dee 模式当作点坐标的临时存储单元。

下面是透明执行计算器功能的实例。

（1）以（200，200）为圆心，绘制半径为［（425－260）×（1/3）+sin（45）］的圆。

命令：_ circle

文本窗口出现提示：

指定圆的圆心或 [三点 (3P) /两点 (2P) /相切、相切、半径 (T)]: 200, 200 (指定或输入圆心点坐标)
指定圆的半径或 [直径 (D)]: 'cal (圆的半径采用数学表达式计算)
≫表达式: [(425-260) * (1/3) +sin (45)]

55.7071 即为 AutoCAD 系统按表达式计算出来的圆的半径值，并在屏幕上绘制出相应的圆。

(2) 已知一任意圆，绘制出一同心圆，半径为任意圆的 5/7。

命令: _circle

文本窗口出现提示:

指定圆的圆心或 [三点 (3P) /两点 (2P) /相切、相切、半径 (T)]: (在屏幕上指定任意圆的圆心)
指定圆的半径或 [直径 (D)]: ' cal (圆的半径采用数学表达式计算)
≫表达式: RAD * 5/7
≫给函数 RAD 选择圆、圆弧或多段线: (在屏幕上选择圆 1)

134.803，AutoCAD 系统按表达式计算出来的圆的半径的值，并在屏幕上绘制出相应的圆。

(3) 已知任意斜线，绘制一个正三角形，边长为斜线的 3 倍，其中一个边长的角度方向与原斜线的方向相同。

命令: polygon

文本窗口出现提示:

输入边的数目<4>: 3 (输入边数)
指定正多边形的中心点或 [边 (E)]: e (选择以边长绘制多边形的选项)
指定边的第一个端点: (在屏幕上选择任意斜线的一个端点作为正三角形一个边长的起点)
指定边的第二个端点: 'cal (正三角形一个边长的另一个端点采用数学表达式计算)
≫表达式: @+vee * 3 (计算相对坐标时，使用@作为前置符号，该表达式表示第二个端点从线段 vee 的第一个端点起，沿 vee 方向，到 vee * 3 距离处)
≫选择一个端点给 vee: (选取任意斜线一个端点的坐标值赋予 vee)
≫选择下一个端点给 vee: (选取任意斜线另一个端点的坐标值赋予 vee)

(1350.32 1422.57 0.0)，AutoCAD 系统按表达式计算求得沿原斜线长度 3 倍长度方向上端点的坐标值，并在屏幕上绘制出相应的正三角形。

(4) 求任意两条交叉线的夹角。

命令: 'cal
≫表达式: ang (int, end, end) (由两条交叉线交点、一条线的端点、另一条线的端点来定义两条交叉线的夹角)
≫选择图元用于 int 捕捉: (在屏幕上选择两条交叉线交点)
≫选择图元用于 end 捕捉: (在屏幕上选择一条线的端点)
≫选择图元用于 end 捕捉: (在屏幕上选择另一条线的端点)

210.108，AutoCAD 系统按表达式计算出来两条交叉线夹角的角度。

注意，两条交叉线的夹角按从第一条线的端点到第二条线的端点的逆时针方向计算。

(5) 已知任意线段，绘制一个半径为20的圆与已知线段的中点相切。

命令：circle

文本窗口出现提示：

指定圆的圆心或 [三点 (3P) /两点 (2P) /相切、相切、半径 (T)]：2p (采用两点绘制圆的方式)

指定圆直径的第一个端点：(在屏幕上选择已知线段的中点为圆的一个端点)

指定圆直径的第二个端点：'cal (圆的另一个端点采用数学表达式计算)

≫表达式：@+nee*40 (计算相对坐标时，使用@作为前置符号，nee函数以任意线段两端点为依据，计算出直线的单位法线矢量，40是圆的直径)

≫选择一个端点给nee：(在屏幕上选择已知线段的一个端点)

≫选择下一个端点给nee：(在屏幕上选择已知线段的另一个端点)

(986.967　464.208　0.0)，AutoCAD系统按表达式计算出任意线段法线方向的单位矢量，确定了圆直径的矢量方向，由此计算出圆直径另一个端点的坐标值，并在屏幕上绘制出相应的圆。

(6) 绘制一个和任意斜直线相切的圆，圆的直径为100，则需要准确地确定圆心。

命令：_circle

文本窗口出现提示：

指定圆的圆心或 [三点 (3P) /两点 (2P) /相切、相切、半径 (T)]：2p (采用两点绘制圆的方式)

指定圆直径的第一个端点：(在任意斜直线上捕捉一个点作为圆和该直线的切点)

指定圆直径的第二个端点：'cal (圆的另一个端点采用数学表达式计算)

≫表达式：cur+nee*100 (cur用于在屏幕上拾取圆和任意斜直线的切点，并将其坐标值临时储存，nee函数以任意斜直线两端点为依据计算出直线的单位法线矢量，100是圆的直径)

≫输入点：(用鼠标在任意斜直线上捕捉圆直径的第一个端点，并将其坐标值储存到cur)

≫选择一个端点给NEE：(捕捉任意斜直线上的一个端点)

≫选择下一个端点给NEE：(捕捉任意斜直线上的另一个端点)

(832.242　636.05　0.0)，AutoCAD系统按表达式计算出任意线段的法线方向的单位矢量，确定了圆直径的矢量方向，由此计算出圆直径另一个端点的坐标值，并在屏幕上绘制出相应的圆。

(7) 已知矩形与一条任意线段，以矩形对角线中点为圆心，以任意线段长度为参考半径，绘制一圆。

文本窗口出现提示：

命令：_circle

指定圆的圆心或 [三点 (3P) /两点 (2P) /相切、相切、半径 (T)]：'cal

≫表达式：mee (用于计算矩形对角线中点坐标值)

≫选择一个端点给mee：(选择矩形对角线的一个端点)

≫选择下一个端点给mee：(选择矩形对角线的另一个端点)

(1125.68　501.253　0.0)，AutoCAD系统按表达式计算出来的矩形对角线中点的坐标值，并将其作为圆心。

指定圆的半径或［直径（D）］：'cal

≫表达式：dee（用于计算任意线段的长度）

≫选择一个端点给 dee：（选择任意直线的一个端点）

≫选择下一个端点给 dee：（选择任意直线的另一个端点）

258.625，AutoCAD 系统按表达式计算出来直线的长度值，将其作为圆的半径，并在屏幕上绘制出相应的圆。

练　习　题

1. 应用 AutoCAD 系统的计算功能求 3＊sin（45）的值。

2. 对一个由简单直线、圆弧组成的复杂封闭图形，查询其惯性矩、面积矩、质心等属性。

3. 采用函数计算的方法，确定任意一条直线与 X 轴之间夹角值。

4. 绘制出由矩形截面渐变为圆形截面的渐变段的横向剖面：1—1，2—2，3—3，$B=D=100$，如图 2-69 所示。

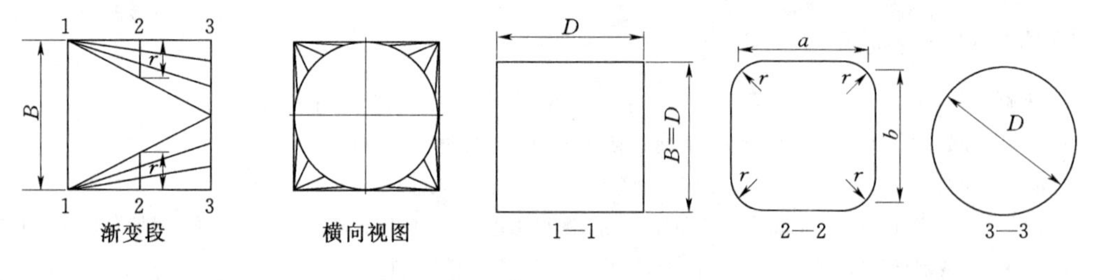

图 2-69

5. 某闸墩的厚度为 $d=4$m，尖圆段为两段圆心角为 45°，半径为 1.708d 的圆弧组成，试绘制出闸墩的平面图，如图 2-70 所示。

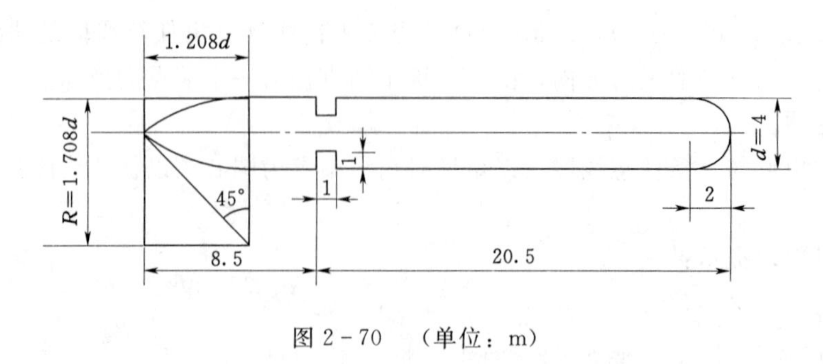

图 2-70　（单位：m）

思　考　题

AutoCAD 系统的计算器具有哪些功能？cal 和 'cal 有什么区别？

第十一节 打印输出图形

利用计算机辅助完成了工程图纸的绘制后，必须按要求打印输出，以用于指导工程施工。

一、添加设置输出设备

在 AutoCAD 环境下，选择下拉菜单中的“工具”（Tool）→“选项”（Options），弹出“选项”（Options）设置对话框，如图 2-10 所示，选择“打印”（Plotting）标签，在“用作默认输出设备”的选项中，选择设置与所连接的输出设备型号一致的代号。

二、打印图形设置

在文本窗口输入命令：Plot，或从下拉菜单中选择：“文件”（File）→“打印”（Plot），弹出“打印”（Plot）对话框，如图 2-71 所示。

（一）打印设备标签

在打印设备标签中需要进行以下设置。

（1）打印机配置。在打印机配置的下拉选择框中，选择与计算机连接的打印机的型号。当打印机的型号选择好后，右边的“特性”及“提示”按钮被激活，其中“特性”按钮可以用于查看或修改打印机的配置信息，显示“打印机配置编辑器”。“提示”按钮可以用于显示帮助主题来指导用户选择最合适的打印机驱动程序，帮助的内容包括在何种情况下可以选择系统或非系统驱动程序，以及选择打印机驱动程序的准则。

（2）选择打印样式表。

使用打印样式能够改变图形中对象的打印效果，例如，可以用不同的方式打印同一图形，分别强调建筑中的不同元素或层次。打印样式包括一系列颜色，抖动、灰度、淡显、线型、连接样式和填充样式的替代设置，可以给任何对象或图层指定打印样式。

在打印样式表的下拉选择框，可以选择打印样式。

1）acad.ctb 等式样，在特性组合框中，颜色为使用对象颜色，用于彩色打印。

2）monochrome. ctb 式样，在特性组合框中，颜色为黑色，用于黑白打印。

在打印样式表的下拉选择框中选择了一种打印样式后，右边的“编辑”按钮则被激活。单击“编辑”按钮，弹出打印样式编辑器，在这个对话框中用户可以为图形中不同的对象重新分配不同颜色、线型和线宽。

改变图形对象线宽有很多种方法。最常用的办法是通过层的设置，将不同的图形对象设置不同的颜色和线宽。也就是说在绘图的时候，不同类型的图形对象，根据需要绘制成不同的颜色，然后在打印输出时不同颜色设置不同的线宽。

线宽的大小主要由打印设备分辨率和打印点之间的宽度决定的，公式为：＜点距＞/＜设备分辨率＞。AutoCAD 系统将用这些标准值来替代我们随意输入的值。

一般情况下可以直接使用默认设置，即不要随意对打印样式框内的选项进行修改，以免造成混乱。

（二）打印设置标签

用于设置图纸大小和图纸单位、绘图方向、打印区域、打印比例、打印偏移量等。

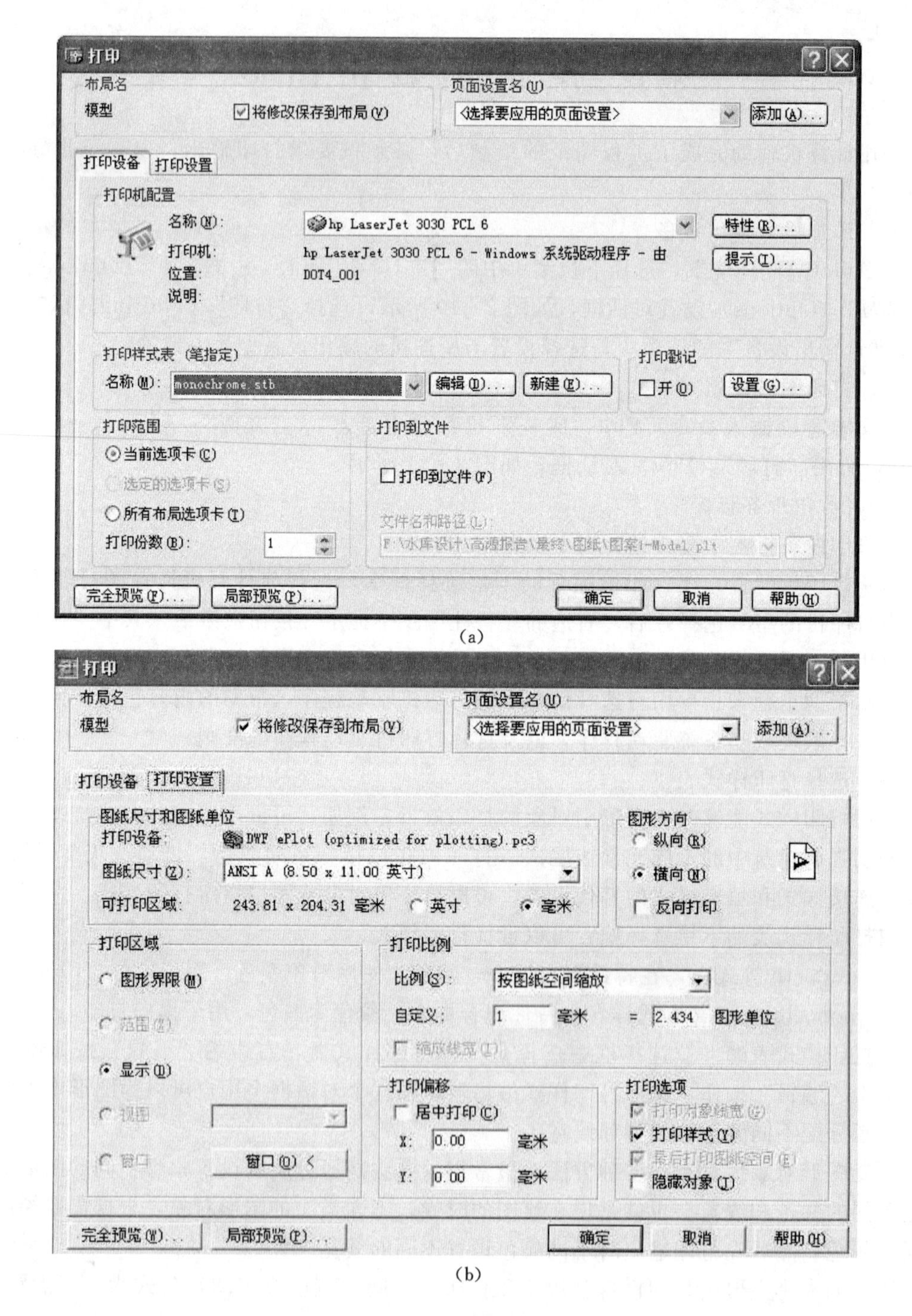

图 2-71 打印设置对话框

1. 图纸尺寸和图纸单位组合框

打印设备标签中显示的是用户指定的打印机的名称；在图纸尺寸的下拉列表框中，用户可以选择打印纸的型号，工程上常用的打印纸的型号有 A0、A1、A2、A3、A4；确定了打印纸的型号，可打印区域大小标签立即显示打印区域的尺寸，其单位为十进制单位。

2. 打印区域组合框

打印区域的选择有以下方法。

(1)"图形"界限(Limit),选择该选项,绘图界限定义的区域被打印。

(2)"范围"(Extents),与下拉菜单中"视图"(View)→"缩放"(Zoom)→"范围"(Extents)选项相同,打印输出当前全部图形。

(3)"显示"(Show),选择该选项,打印输出当前图形窗口显示的视区。

(4)"视图"(View),选择该选项,打印由 View 命令生成的视图。

(5)"窗口"(Window),选择该选项,打印用户采用窗口选定的图形部分。

3. 打印比例组合框

手工绘图时,绘图比例和输出比例是相同的;而计算机辅助绘图,绘图比例和打印输出比例是两个概念。打印输出比例可以采取系统自动按图纸空间缩放的比例,或用户自定义比例两种方式。

(1)按图纸空间缩放,系统按照设置的打印纸的规格和当前需要打印的图形文件的尺寸大小自动给出缩放比例。

(2)自定义比例,用户可以自己定义打印比例。

如图 2-72 所示的打印比例中计算式的含义为:

打印出来图形的实际单位=(X)当前图形文件的图形单位

实际打印出来的图形单位为 mm;当前文件的图形单位是用户自己认定的,可以是 km、m、cm、mm,系统默认的图形单位为 mm。

如图 2-72 所示中 1(mm)=2.4(图形单位),表示将 2.4 个图形单位长度缩小到 1 个图形单位长度(mm)后打印。由于图形文件单位可以由用户自己定义,则最后打印出来的图形的实际比例可以解释为:

(1)若图形文件的绘图单位为 mm,即打印出来的图形的实际比例是 1∶2.4。

(2)若图形文件的绘图单位为 m,即打印出来的图形的实际比例是 1∶2400。

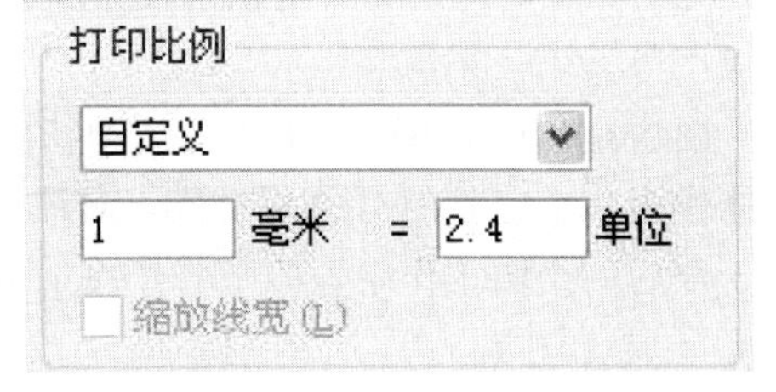

图 2-72　打印比例

当打印比例组合框显示为:

1(mm)=1(图形单位)

若图形单位定义为 mm,即打印出来的图形的实际比例是 1∶1。

若图形单位定义为 m,即打印出来的图形的实际比例是 1∶1000。

在通常的情况下,打印比例组合框中显示的比例,不是标准的比例;同时对于同一幅图形,用户采用纸的型号大小不同或用户给定的打印窗口大小不同时,打印比例组合框中显示的比例也会发生变化,因此采用随图形大小变化的比例尺表达所绘图形的比例更适合。

4. 页面设置名组合框

页面设置名组合框用于进行打印设置的保存。AutoCAD 系统可以为用户的打印设置命名,并进行保存。如果用户只需要按照上一次的打印设置进行打印,可以在页面设置名组合框下的下拉列表框中，选择“上一次打印”，即可利用上一次的打印设置进行打印了。

5. 图形方向组合框

图形方向组合框用于确定图纸打印的方向，图纸打印的方向有纵向和横向。

6. 打印偏移组合框

打印偏移组合框用于指定打印偏移量。一般选择居中的选项。

7. 打印预览

开始打印之前，希望先预览一下图形。有局部预览和完全预览。选择局部预览时，图纸尺寸用红色矩形表示，绘图区域用蓝色矩形表示。在局部预览的帮助下，可以准确看出绘图是否能与图纸匹配。在完全预览情况下，可以实时缩放。单击鼠标右键，选择退出来结束预览。在打印对话框中，单击“确定（OK）”按钮即可进行打印。

思 考 题

1. 应用黑白打印机打印输出图纸时，如何使得打印输出图形的线条更清晰些？
2. 什么是绘图比例？什么是打印输出比例？如何分析图形的打印输出比例？
3. 什么是绘图单位？什么是图形打印输出的单位？

第十二节 使用图块和外部引用

本节主要介绍 AutoCAD 系统所提供的图形文件之间相互调用的方法。其中使用图块，是 AutoCAD 系统所提供的图形文件之间相互调用的最基本方法，其次还有外部引用的应用等。

图块是 AutoCAD 系统中的一种特殊实体，它是一组图形对象的集合体，可以将该集合体作为一个完整的对象来看待，对该对象进行复制、移动等操作。将标准件做成图块，用于今后的绘图工作中，以节省绘图时间。其优越性主要表现在：

1. 建立图库

利用图块的性质，可以将当前图形中的一组图形对象，做成图块，存放在样板图里。如门、窗、标高符号和墙身大样等建筑及结构的节点详图等，可以将它们以块的形式存盘保存，这样在后续的绘制过程中就可重复使用这些块，从而简化绘图过程。这样，实际上是建立了用户自己的“零件”库。

2. 节省内存及磁盘空间

图块是单独存放的，数据存储结构中只单纯地保存块的存储地址、放大参数、设计基准、比例因子等，而没有各个图元的点、线、半径等信息，这些信息在图块的插入将根据图形要求来确定。也就是说，图块的存储相对图形存储来说，节省了许多空间。因此，图块的定义越复杂，引用的次数越多，则越能节省空间。

3. 便于修改图形

在一个图形中可能要插入很多相同的图块，在设计过程中有可能要修改某个部件，代表这个部件的图形块就需要修改。如果不做图块，修改工作量会很大。但是如果将部件定义为图块，就可以简单地对块进行修改，重新定义一下，那么相应的图形上的所有引用该图块的内容也随之自动更新。

4. 便于加入属性

属性是图块中的文字信息，属性依附于图块，可以随图块的变化改变比例和位置。这些文字信息有些是可见的，有些是不可见的。图块可以很好地管理它们。属性不仅可以作为图形的可见部分，而且它还可以从一张图纸中提取出来，并传输给数据库，生成材料表或进行成本核算的原始数据等。

块的制作和使用方面，分别有定义块、写块、定义块属性和插入块等方法。

外部引用就是将一个图形文件与当前图形文件联系起来。当一个图形文件使用了外部引用，每当引用的外部图形文件发生改变，该图形文件也会随之改变。外部引用常用于绘制装配图。

一、定义图块

在文本窗口输入命令：Block，或在下拉菜单中选择："绘图"（Draw）→"块"（Block）→"创建"（Make），弹出"图块定义"（Block Definition）对话框，如图 2-73 所示。

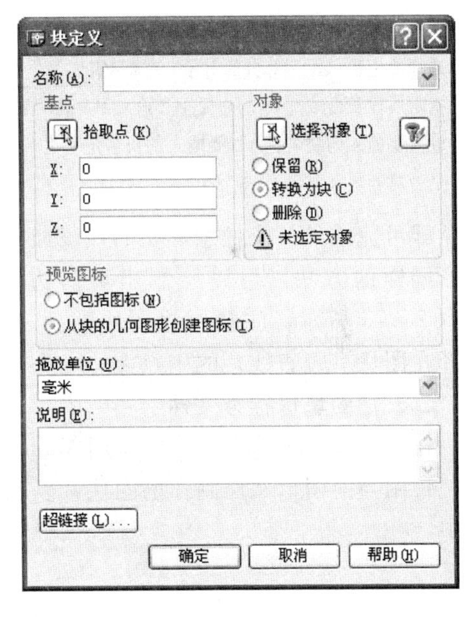

图 2-73 "图块定义"对话框

图块定义对话框中的选项有：

（1）"名称"（Name），确定所定义图块的名字。

（2）"拾取点"（Pick Base Point），拾取"点按"钮，用于确定图块上的插入基点。确定图块上的插入基点可以直接输入坐标值，也可以直接在图块上选择。

（3）"对象"（Object），用于选择要制作图块的图形对象。

（4）"保留"（Retain），选择该选项则将所选择的对象制作成图块后，原对象仍保留在原图形文件中。

（5）"转换为块"（Convert to block），选择该选项则将所选择的对象制作成图块后，原对象也转变为图块。

（6）"删除"（Delete），用于确定制作图块之后，是否将原对象在图形文件中删除。

（7）"创建图块的图标"（review icon），用于确定是否创建图块的图标。

（8）"拖放单位"（Insert），用于确定图块的单位，用户可以自己认定图块的单位。

（9）"说明"（Description），用于输入对该图块作的文字说明。

1. 图块的制作

（1）首先在绘图区域内，绘制需要制作成图块的图形对象。

（2）在文本窗口输入命令：Block，或在下拉菜单中选择："绘图"（Draw）→"块"（Block）→"创建"（Make），弹出"图块定义"（Block Definition）对话框，如图 2-56

所示。

（3）在对话框中确定所需定义图块的名字、单位等，单击“拾取点”（Pick）按钮，切换到绘图区界面，在准备定义图块的图形对象上选择图块的插入基点，再切换到图块定义的对话框中，单击“确定”（OK）按钮，即可完成图块定义。

2. 应用示例：给一个任意形状的线段加上箭头指示图标，如图 2-74 所示

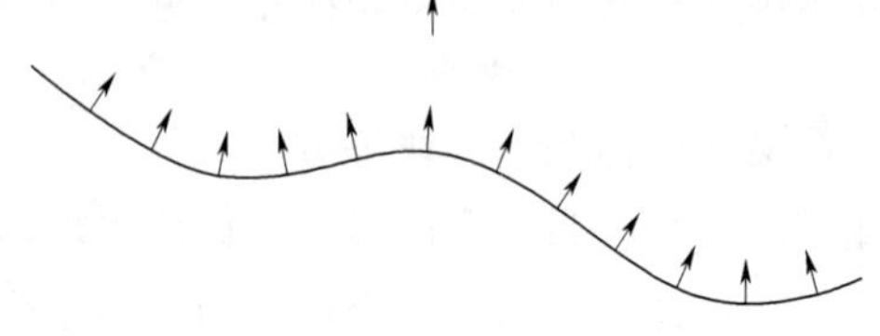

图 2-74　加上箭头指示图标的任意线段

（1）绘制一箭头指示图标，并由命令：Block，将其制作成图块，命名为 A。

（2）绘制一条任意曲线。

（3）在下拉菜单中选择：“绘图”（Draw）→“点”（point）→“定数等分（或定距等分）”，或在文本窗口输入命令：divide（or measure），文本窗口出现提示：

选择要定数（距）等分的对象：（选择需要等分的任意曲线）

指定线段长度或 [块（B）]：B（输入 B，表示采用图块等分的方式等分所选择的图形对象，回车确认）

输入要插入的块名：A（要插入的块名定义为 A，回车确认）

是否对齐块和对象？[是（Y）/否（N）] <Y>：（块和需要等分图形对象对齐，回车确认）

即可完成给一个任意形状的线段加上箭头指示图标的图形绘制。

同样的方法，可以绘制出堤防边界线，如图 2-75 所示，注意要将图块的插入基点选择在图块（短直线）的中点上。

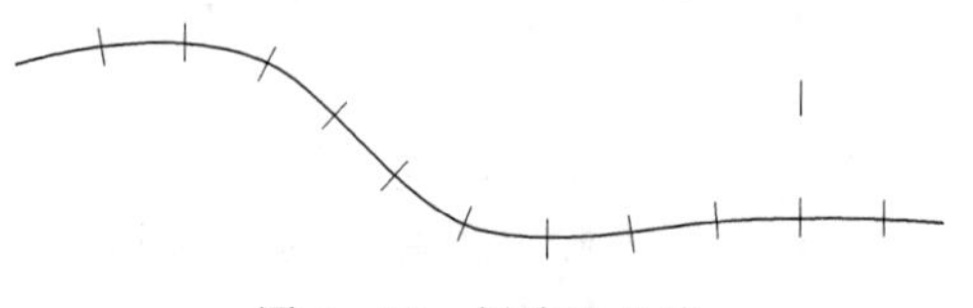

图 2-75　堤防边界线

二、把图块保存为文件

在 AutoCAD 系统中，可以用 Wblock 命令，将用当前图形文件制作的图块，以独立图形文件（即 *.dwg 格式）的形式保存到磁盘中。

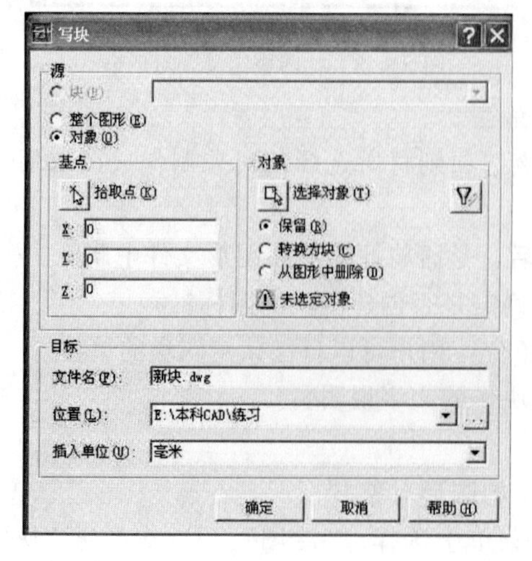

图 2-76　“写图块”对话框

在文本窗口输入命令：Wblock，弹出“写图块”（Write block）对话框，如图 2-76 所示，其中各组合框的含义如下。

（一）“源”（Source）

在该组合框中可以选择制作图块的资源。其中有两个选项：

1. “整个图形”（Entire drawing）

将图形界限定义的整个图形区域制作成图块。以整个图形文件制作图块的步骤是：对图块命名，设置图块存储路径，单击“确定”（OK）按钮，这样整个当前的图形文件都被制作为图块。

2. “对象”（Object）

仅将所绘制的图形对象制作成图块。以图

形对象制作图块的步骤是：选择图形对象，确定插入基点，对图块进行命名，设置图块存储路径，单击“确定”（OK）按钮，这样所选择的对象被制作为图块。

（二）“拾取点”（Pick Point）

该组合框用于选择图块上的插入基点。插入点的选择应考虑在图块插入时，能有助于图块方便、快捷地引出到需要插入图块的文件中。

（三）“对象”（Object）

在该组合框中各选项的含义与“图块定义”（Block Definition）对话框，如图 2－56 所示中相应选项的含义相同。

（四）目标（Destination）

该组合框用于确定图块的文件名、设置图块路径以及图形单位。

三、插入图块

在文本窗口输入命令：Insert，或在下拉菜单中选择：绘图（Draw）→插入（Insert）→块（Block），弹出“插入图块”（Insert）对话框，如图 2－77 所示，可以将制作好的图块插入到当前图形中。插入图块对话框中各选项含义为：

（1）名称（Name），用于指定插入图块的文件名。

（2）浏览（Browse），单击“浏览”按钮，可以通过图块文件的存储路径，找到图块的文件名。

（3）插入点（Insert Point），图块在当前图形文件上的插入点可以直接在屏幕上选择，也可以在该对话框中输入插入点的坐标。

（4）缩放比例（Scale），用于确定图块插入时的缩放比例，可在文本窗口中指定或在该对话框中输入缩放比例因子。

（5）旋转（Rotation），用于确定图块放置的旋转角。

（6）分解（Explode），用于确定是否将图块分解开来。

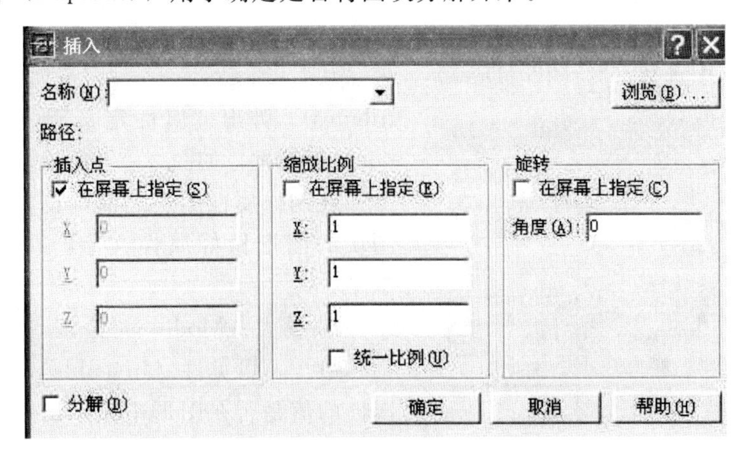

图 2－77　“插入图块”对话框

完成上述设置，单击“确定”按钮，即可将图块插入到当前图形文件中了。

四、几点说明

（1）创建图块命令“Block”，制作的图块，只能在当前图形文件中引用；写图块命令

"Wblock"，制作的图块，能在所有的图形文件中引用。

（2）采用写图块命令"Wblock"，制作的图块，是将当前图形文件的制作的图块，以独立图形文件（即 *.dwg）的形式保存到磁盘中，因此要使制作的图块能够公共使用，就必须将该图块保存为文件。

（3）写图块命令"Wblock"，可以将该图块保存为 .dwg 文件，反之，任何的 .dwg 图形文件都可以作为块插入。但制作成图块的 .dwg 图形文件，带有插入点的属性，为图块的插入提供了方便快捷的方式。

（4）在水利水电工程设计中，常需要将某些结构的局部部位放大，制作成大样图，以便于清晰表达这些局部部位的设计要点。在当前图形文件中，如果直接采用"修改"工具条上的"缩放"命令，制作成大样图，则在尺寸标注中的文字数据都随之相应放大，又需要重新修改尺寸标注；如果将结构的局部部位制作成图块，再按比例放大，直接插入到当前图形文件，而不需要再做修改了。

无论用何种方法制作的图块，它都会永久保持创建时所在层的特性。如果图块中的图形对象在多个层上，它将保持原始层的颜色及线型。这一点很有用，即无论何时插入图块，它都具有生成该块的层的颜色和线型。但有时，希望插入的块的特性与被插入层一样，就只能在 0 层创建图块，因为第 0 层是透明层，不带有层的特性，而是与插入所在的层的特性相同。

五、图块的编辑

做好的图块，其中的对象和插入基点都是可以再编辑的。重新选择对象，重新确定图块的插入基点，完成图块的重新定义。

六、属性块的制作

AutoCAD 系统允许用户为图块附加一些文字信息，我们将之称为属性。属性图块适用于那些图形结构相同，但其中填写的文字内容不同的图形。

（一）定义属性文字

在下拉菜单中选择："绘图"（Draw）——"块"（Block）——"定义属性"（Define Attributes），弹出"属性定义"（Attribute Definition）对话框，如图 2-78 所示。

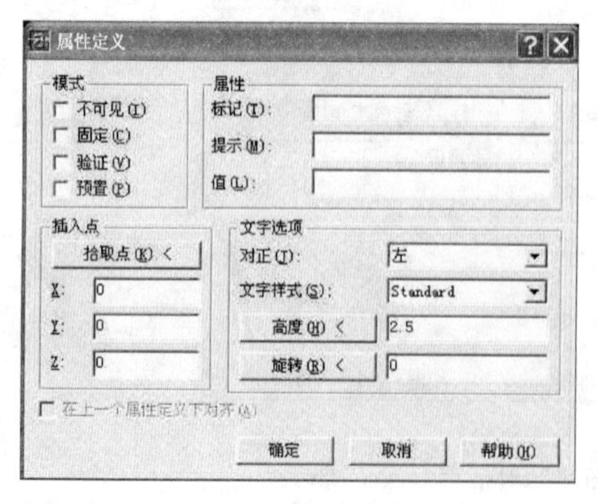

图 2-78　"属性定义"对话框

在制作属性图块之前，首先对准备制作成图块的图形做好属性文字。在属性定义对话框中：

1. 模式（Mode）组合框

（1）不可见性（Invisible），用于确定表示属性的值是否在图形中显示出来。用户选择了该选项，表示属性的值不能在图形中显示出来。

（2）固定（Constant），表示所定义的属性是一个常量。

（3）验证（Verify），要求用户对所定义的属性进行确认。

（4）预置（Preset），为属性指定一个初始默认值。

2. 属性（Attribute）组合框

（1）标记（Tag），用于指定所定义的属性的名称。

（2）提示（Promot），用于确定当带属性的图块插入到当前图形窗口后，在文本窗口出现的属性输入提示符号。

（3）值（Value），确定所定义的属性的默认值。

3. 插入点（Insert Point）

用于在图块上确定属性文字的插入点。

4. 文字选项（Text Options）

用于确定所定义的属性文字的对正、文字样式、高度和旋转角度。

（二）制作带属性的图块

首先绘制制作图块的图形对象，再通过属性定义对话框，定义图块的属性文字，然后将准备制作图块的图形对象和文字属性一起定义为图块即可。

（三）插入带属性的图块

命令：插入（Insert），或在下拉菜单中选择：绘图（Draw）→插入（Insert）→块（Block），弹出插入图块（Insert）对话框，通过插入图块对话框，将制作好带属性的图块插入到当前图形中，文本窗口随即出现需要输入的属性文字的提示符号，在文本窗口的提示下，输入预先定义的文字属性，回车确认即可。

七、插入外部引用

在图形文件中可以插入许多外部引用，而且对每个外部引用都可以有自己的插入点、缩放比例和旋转角度，还可以控制外部引用所依赖的图层和线型属性。

外部引用与插入图块的区别：

（1）图块永久性地插入到当前图形文件；外部引用的信息并不直接加入到当前图形文件中，仅在当前图形文件中记录外部引用的引用关系和引用路径。

（2）外部引用的文件的每次改动后的结果，可及时反映到被引用的图形文件中。

（3）由于外部引用的文件仅记录引用关系和引用路径，有效地减少当前图形文件的容量。

在文本窗口输入命令：Xref，或在下拉菜单中选择：插入（Insert）→“外部参照管理器”（Xref Manager），弹出“外部参照管理器”（Xref Manager）对话框，如图2－79所示。外部参照管理器用来管理当前文件中每个外部引用的状态和外部引用之间的联系。其中的选项有：

（1）附着（Attach），用于选择要插入的外部引用。

（2）拆离（Detach），该选项将选中的外部引用与当前图形文件的联系断开。

（3）重载（Reload），该选项刷新选中的外部引用与当前图形文件的联系的关系。

（4）卸载（Unload），该选项将外部引用从当前图形文件中删除。

（5）绑定（Bind），用于选择外部引用与当前图形文件的绑定方式，有绑定和插入两种方式，选择绑定方式，系统将外部引用的某些信息如线型、层、标注式样等绑定到当前图形中，选择插入方式，外部引用就同图块一样永久性地插入到当前图形文件中了。

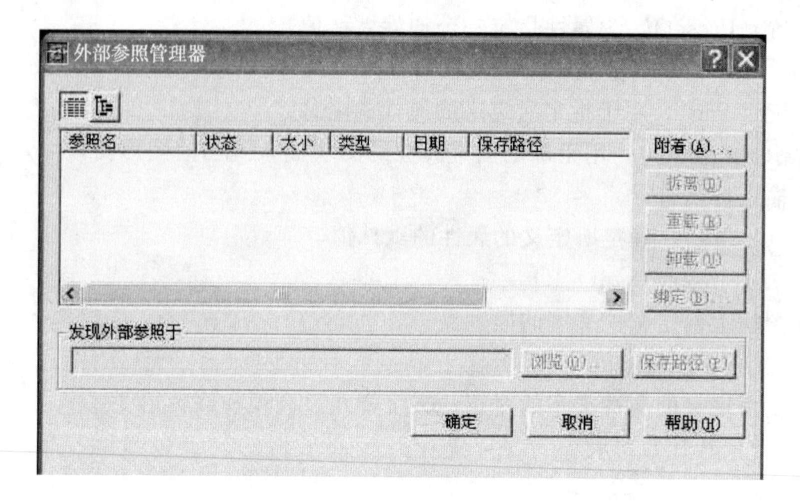

图 2-79 “外部参照管理器”对话框

（6）浏览（Browse），用于重新选择外部引用的文件。

（7）保存路径（Save Path），将外部引用文件路径保存起来。

在管理器的左上角有两个按钮，分别以列表方式和树形方式显示外部引用。以树形方式显示的外部引用不会显示该外部引用的状态。

单击“附着”（Attach）按钮，弹出“选择参照文件”对话框，如图 2-80 所示。

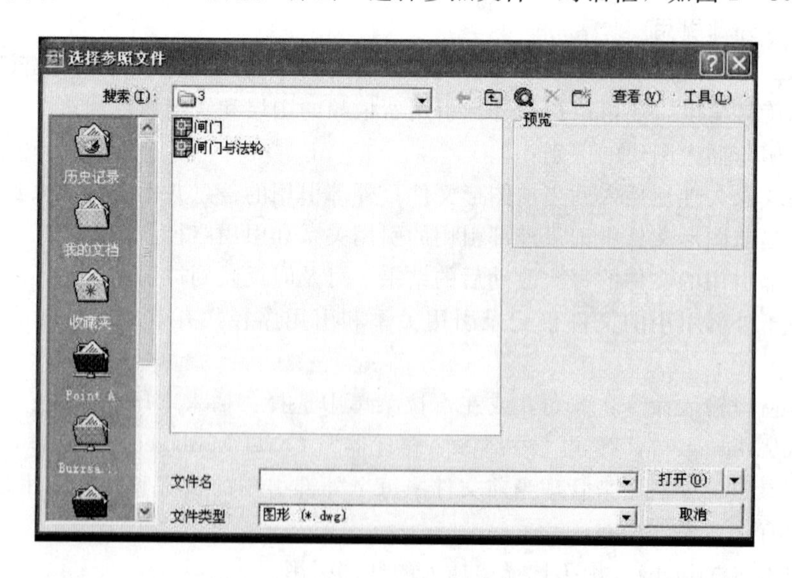

图 2-80 “选择参照文件”对话框

用户根据需要选择的引用文件的路径，选择引用文件，选择“打开”（open）按钮，弹出插入外部参照对话框，其上各选项的含义基本同图块插入对话框。

八、从资源管理器中载入图形

基于 Microsoft 最底层技术的 AutoCAD 系统，支持从 Windows 的资源管理器拖动图形文件插入到当前图形文件中。

在AutoCAD系统图形界面上，打开Windows的资源管理器，选择所需要的文件图标，用鼠标拖动其图标进入AutoCAD系统的绘图区域，系统即刻启动插入图形的操作步骤，根据文本窗口的提示即可完成插入操作。

练　习　题

1. 绘制底宽与边墙为3m，中心角为135°的城门洞形廊道，完成尺寸标注后，采用写块的方式制作成图块。

2. 用插入图块的方法和从Windows的资源管理器中拖放的方法，将题1中制作好的图块，插入到当前图形窗口中。

3. 制作一带文字属性的图块，并插入到当前图形中。

4. 在当前图形中插入一个外部引用，并进行卸载和重载操作。

5. 以任意曲线为边界，在其上绘制出土基或岩基符号，如图2-81所示。

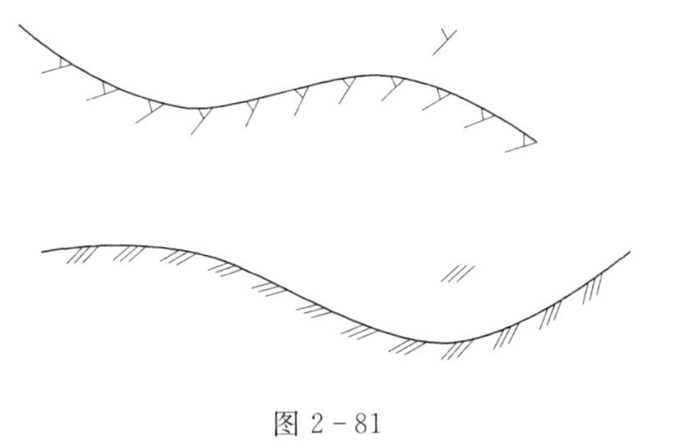

图2-81

思　考　题

1. 简述图形文件之间的调用有哪些方法？
2. 在图形文件中插入图块和插入外部引用有什么区别？
3. 用定义图块制作的图块和用写块的方法制作的图块有什么区别？
4. 用写块的方法制作的图块文件和一般图形文件，在作为图块插入时有什么区别？

第十三节　三　维　绘　图

一、三维空间及用户坐标

AutoCAD系统是一个三维绘图软件，前面各节中介绍的二维绘图，在系统数据库中都是以三维数据保存的。世界坐标系是AutoCAD系统为确定各种三维实体或图形的坐标而建立的一个空间直角坐标系，如图2-82所示。

（1）世界坐标系的XOY坐标平面平行于绘图屏幕。

（2）AutoCAD系统的坐标系遵循右手螺旋法则，当右手的四指从X轴正向指向Y轴正向时，大拇指伸出的方向即为Z轴的正向，如图2-83所示。

（3）AutoCAD系统将世界坐标系的原点设在屏幕的左下角。

绘制二维图形时，一般使用固定不变的世界坐标系，当进入三维空间时，必须建立Z轴的概念。

在三维空间里可以采用以下几种常用的坐标变换方式：

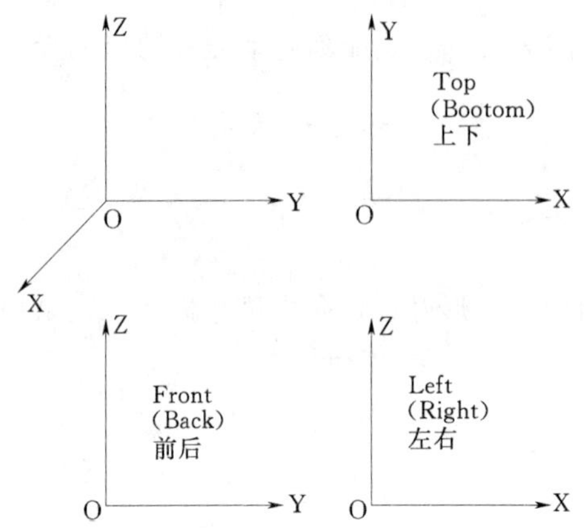

图 2-82　三维空间及用户坐标

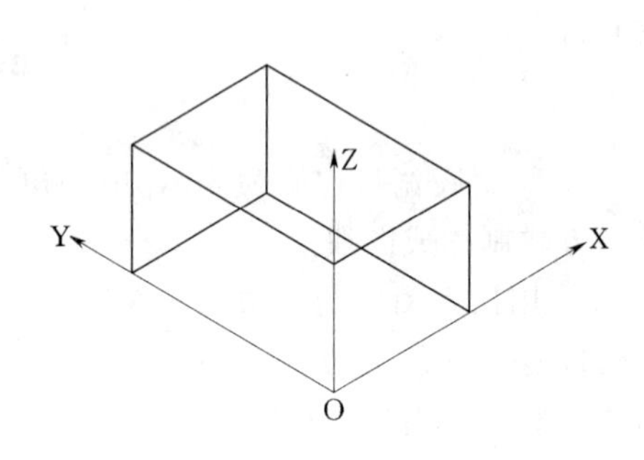

图 2-83　右手螺旋法则

在文本窗口输入命令：ucs，文本窗口出现提示：

[新建（N）/移动（M）/正交（G）/上一个（P）/恢复（R）/保存（S）/删除（D）/应用（A）/?/世界（W）] <世界>：n（新建用户坐标系统）；

指定新UCS的原点或［Z轴（ZA）/三点（3）/对象（OB）/面（F）/视图（V）/X/Y/Z］<0，0，0>：（用户可以选择新建用户坐标系统的方式）

（1）“X/Y/Z”选项，用于通过改变坐标轴围绕“X轴”或“Y轴”或“Z轴”旋转的角度，达到变换坐标系的目的。

（2）“Z轴（Z A）”选项，首先确定新建用户UCS坐标系的原点，再指定新建用户UCS坐标系上Z轴正方向上的一点，使该方向为Z轴的正方向。X轴、Y轴做相应的转动，使得XY平面垂直Z轴的方向，达到变换坐标系的目的。

（3）选择“三点（3）”选项，通过确定三个点来定义新建用户UCS坐标系，第一点指定新的坐标原点，第二点指定X轴正方向上的一点，第三点指定Y轴正方向上的一点，而Z轴的正向则遵从右手螺旋法则。

二、三维图形观察

（一）多视口观察

在下拉菜单中选择“视图”（View）→“视点”（View Point），可以对三维图形进行一到四视图的（多视口）观察。

（二）三维图形观察视点预置

在下拉菜单中选择：“视图”（View）→“三维视图”（3D View）→“三维视点预置”（3D View Point preset），弹出“三维视点预置”（3D View Point preset）对话框，如图2-84所示。

其中：

与X轴的角度（Form X Axis），用于确定视线与X轴的角度，即视线在XY平面上投影线与X轴之间的夹角。

视线与XY平面的夹角（XY plan），用于确定视线与XY平面的夹角。

(三) 三维图形的标准视图

在下拉菜单中选择“视图”(View) → “三维视图”(3D View)，可以生产三维视图的标准视图菜单，如图 2－85 所示。

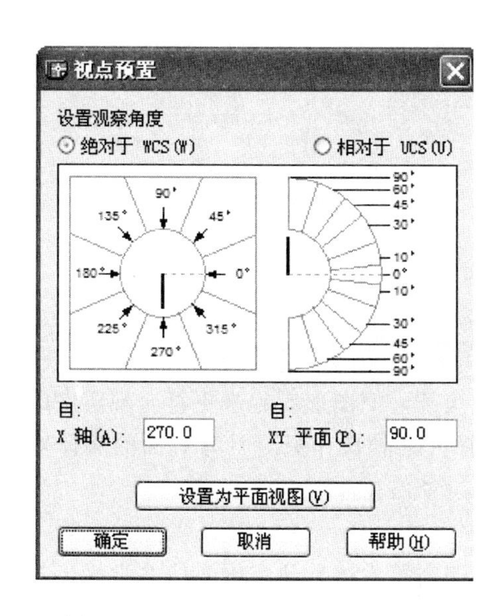

图 2－84　“三维视点预置”对话框

重画(R)
重生成(G)
全部重生成(A)
缩放(Z)
平移(P)
鸟瞰视图(W)
视口(V)
命名视图(N)...
三维视图(3)
三维动态观察器(B)
消隐(H)
着色(S)
渲染(E)
显示(L)
工具栏(O)...
随层
视点预置(I)...
视点(V)
平面视图(P)
俯视(T)
仰视(B)
左视(L)
右视(R)
主视(F)
后视(K)
西南等轴测(S)
东南等轴测(E)
东北等轴测(N)
西北等轴测(W)

图 2－85　三维视图的标准视图菜单

其中有：

(1) 俯视图(Top)、仰视图(Bottom)。

(2) 左视图(Left)、右视图(Right)。

(3) 主视图(Front)、后视图(Back)。

(4) 西南视图(SW Isometric)。

(5) 东南视图(SE Isometric)。

(6) 东北视图(NW Isometric)。

(7) 西北视图(NE Isometric)。

(四) 三维动态观察

在下拉菜单中选择：“视图”(View) → “工具条”(Toolbars)，在弹出“工具条”(Toolbars) 对话框中打开“三维动态观察”工具条，如图 2－86 所示，其中有三维动态观察、三维连续观察、三维旋转观察等快捷工具。

图 2－86　三维动态观察工具条

1. 三维动态观察（3dorbit）

选择三维动态观察工具，图形窗口上显示出三维动态观察器，三维动态观察器有一个三维动态圆形轨道，轨道的四个象限处有一个小圆，如图 2－87 所示，轨道的中心为目标点，用户可旋转、移动三维图形。

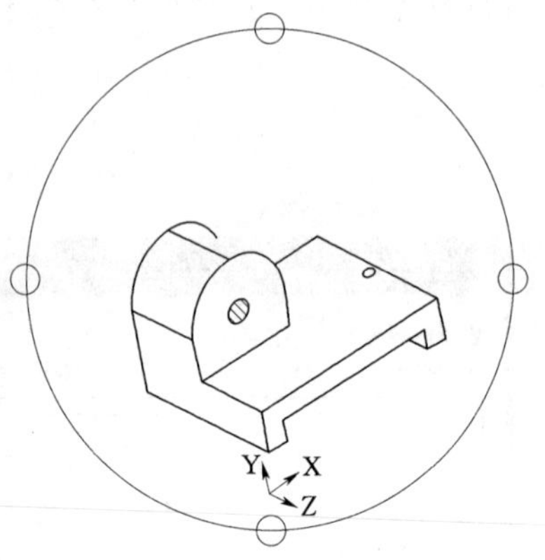

图 2－87　三维动态观察器

2. 三维连续观察（3dorbit）

选择三维连续观察工具，AutoCAD 系统可以根据用户指定的方向，连续自动地旋转、移动三维图形以便于用户进行观察。

三、三维图形的处理

1. 消隐（Hide）

在观察三维图形时，AutoCAD 系统通常以线框方式显示构成三维实体图形的所有线条，用户常常不能正确理解所生成的三维模型。进行消隐操作，可以隐藏屏幕上存在的而实际应被三维实体表面挡住的线条，使图形看起来更符合现实中的视觉感受。重生成（Regen）命令可以使图形恢复原样。消隐操作只对具有表面的实体对象有效。

2. 渲染（Render）

渲染是通过恰当的设置灯光类型、位置和表面润饰等方法，使三维实体非常接近现实世界中的实体。由于渲染涉及到许多光学知识，其处理的算法相当复杂，所以我们主要是掌握渲染的用法。

四、三维模型

AutoCAD 系统的三维模型有：

（1）线框模型，由点和线等组成。

（2）表面模型，由若干平面和曲面组成。

（3）实体模型，由方体、圆球、圆锥等基本模型组合而成。

只有表面模型和实体模型才属于真正意义上的三维模型，可进行消隐和渲染等操作。

（一）表面模型的建造

1. 将二维图形转化为三维模型

（1）打开二维图形的对象特性窗口，分类改变其厚度；或命令：Elev，文本窗口出现提示：

指定新的当前标高<0.0000>（Specify new default elevation）：（AutoCAD 系统默认的标高为 0.0，用户可以直接在文本窗口输入新的标高值，回车确认即可）

（2）转变图形的观察视角，可以观察到由二维图形转化为三维表面模型。

（3）还可以启用三维动态观察器进行观察。

2. 创建三维曲面对象

在下拉菜单中选择："绘制"（Draw）→"曲面"（Surface）→"三维曲面"（3D Surface)，弹出“三维对象”对话框，如图2-88所示。基本三维曲面对象的绘制：

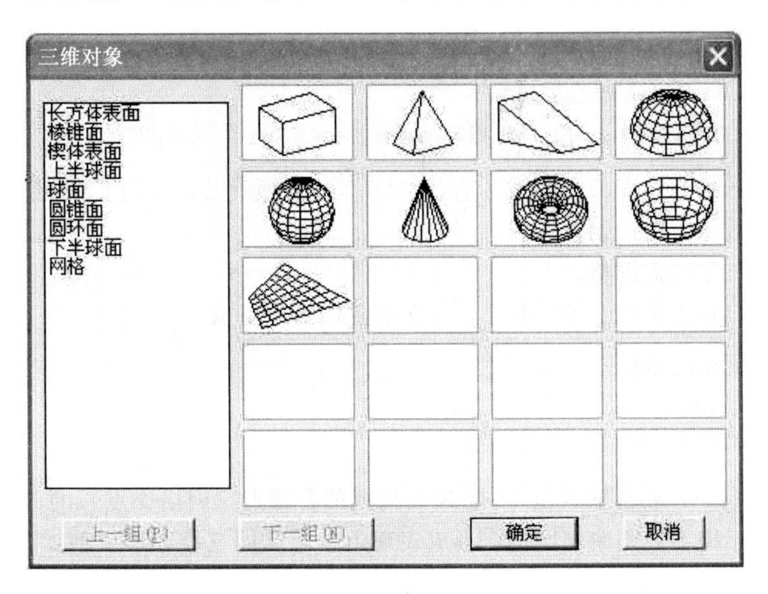

图2-88　“三维对象”对话框

(1) 绘制方体。

在文本窗口输入命令：ai _ box，或选择三维对象对话框中的“方体”(box)绘制工具，文本窗口出现提示：

指定角点给长方体表面：(在屏幕上指定长方体的一个角点)

指定长度给长方体表面：(输入长方体的长度)

指定长方体表面的宽度：(输入长方体的宽度)

指定高度给长方体表面：(输入长方体的高度)

指定长方体表面绕Z轴旋转的角度或［参照(R)］：(输入长方体的旋转的角度)

在文本窗口提示下，依次输入相应参数，即可完成方体的绘制。

(2) 棱锥体。

在文本窗口输入命令：ai _ pyramid，或选择三维对象对话框中的“棱锥体”(pyramid)绘制工具，文本窗口出现提示：

指定棱锥面底面的第一角点：(在屏幕上指定或输入棱锥面底面的第一角点坐标)

指定棱锥面底面的第二角点：(在屏幕上指定或输入棱锥面底面的第二角点坐标)

指定棱锥面底面的第三角点：(在屏幕上指定或输入棱锥面底面的第三角点坐标)

指定棱锥面底面的第四角点或［四面体(T)］：(在屏幕上指定或输入棱锥面底面的第四角点坐标)

指定棱锥面的顶点或［棱(R)/顶面(T)］：(在屏幕上指定棱锥面顶点坐标)

在文本窗口提示下，依次输入相应的参数，即可完成棱锥体的绘制。

(3) 圆锥。

在文本窗口输入命令：ai _ cone，或选择三维对象对话框中的“圆锥”(cone)绘制工具，文本窗口出现提示：

指定圆锥面底面的中心点：（在屏幕上指定或输入圆锥面底面中心点坐标）
指定圆锥面底面的半径或［直径（D）］：（输入圆锥面底面的半径）
指定圆锥面顶面的半径或［直径（D）］＜0＞：（输入圆锥面顶面的半径）
指定圆锥面的高度：（输入圆锥面的高度）
输入圆锥面曲面的线段数目＜16＞：（输入圆锥面曲面表面的线段数目，或直接回车确认）

对于指定圆锥面顶面的半径或［直径（D）］的选项，若输入为 0，则绘制出圆锥，若输入不为 0 的数值，则绘制出圆台。

（4）创建三维曲面网格。

在文本窗口输入命令：3D Mesh，在文本窗口出现提示：

输入 M 方向上的网格数量（2～256）列
输入 N 方向上的网格数量（2～256）行
指定顶点的位置坐标（顶点的列号，顶点的行号）

3D Mesh 命令，要求输入由 M 行 N 列构成的各顶点（网格交点）的 X、Y、Z 坐标，可以真正建立三维不规则曲面网格，形成表现山脉起伏的三维地形模型。由 M 和 N 方向上线段所形成的网格点数量最大为 256×256。

例：在文本窗口输入命令：3DMesh，文本窗口出现提示：

输入 M 方向上的网格数量：4（M 方向上的网格数量为 4）
输入 N 方向上的网格数量：3（N 方向上的网格数量为 3）
指定顶点的坐标（0，0）：10，1，3
指定顶点的坐标（0，1）：10，5，5
指定顶点的坐标（0，2）：10，10，3
指定顶点的坐标（1，0）：15，1，0
指定顶点的坐标（1，1）：15，5，0
指定顶点的坐标（1，2）：15，10，0
指定顶点的坐标（2，0）：20，1，0
指定顶点的坐标（2，1）：20，5，7
指定顶点的坐标（2，2）：20，10，0
指定顶点的坐标（3，0）：25，1，0
指定顶点的坐标（3，1）：25，5，0
指定顶点的坐标（3，2）：25，10，0

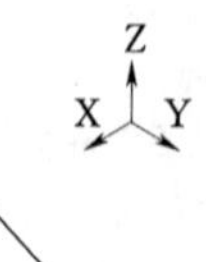

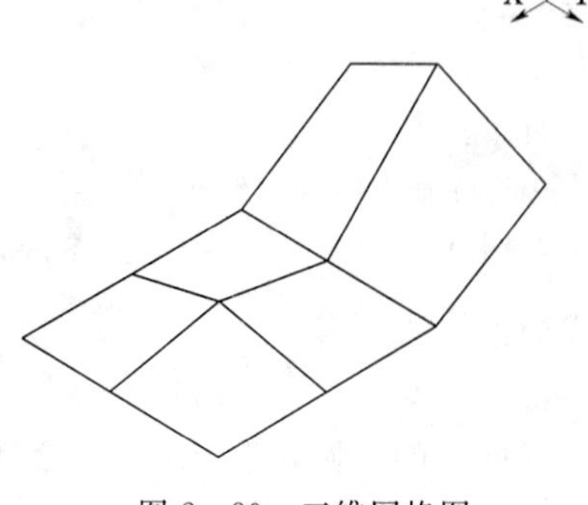

图 2－89　三维网格图

在上述 12 个点的坐标输入完毕后，AutoCAD 系统绘制出来的三维网格图如图 2－89 所示。

在建立三维不规则曲面网格时，坐标值的输入工作量较大，而且容易出错，可以借助于 Excel 的数据整理功能，对三维坐标值进行处理，达到快速、准确地完成三维不规则曲面网格绘制的目的。

上述例题中的三维坐标值借助于 Excel 进行数据

整理，如图 2-90 所示，选择 E 列数据，再选择“复制”工具，切换到 AutoCAD 界面，输入命令：3D Mesh，在文本窗口出现提示：

输入 M 方向上的网格数量（2～256）列：4（M 方向上的网格数量为 4）

输入 N 方向上的网格数量（2～256）行：3（N 方向上的网格数量为 3）

指定顶点的位置坐标（顶点的列号，顶点的行号）：（单击鼠标右键，出现上下文菜单，选择“粘贴”命令，即可完成如图 2-89 所示的三维不规则曲面网格绘制）。

图 2-91 为采用“3D Mesh”命令形成的一段河谷的三维曲面图形。

E1 = =D1&","&C1

三维网格2

	A	B	C	D	E
1	10	1	3	10,1	10,1,3
2	10	5	5	10,5	10,5,5
3	10	10	3	10,10	10,10,3
4	15	1	0	15,1	15,1,0
5	15	5	2	15,5	15,5,0
6	15	10	0	15,10	15,10,0
7	20	1	0	20,1	20,1,0
8	20	5	5	20,5	20,5,0
9	20	10	0	20,10	20,10,0
10	25	1	3	25,1	25,1,3
11	25	5	0	25,5	25,5,0
12	25	10	0	25,10	25,10,0

图 2-90　Excel 数据整理图

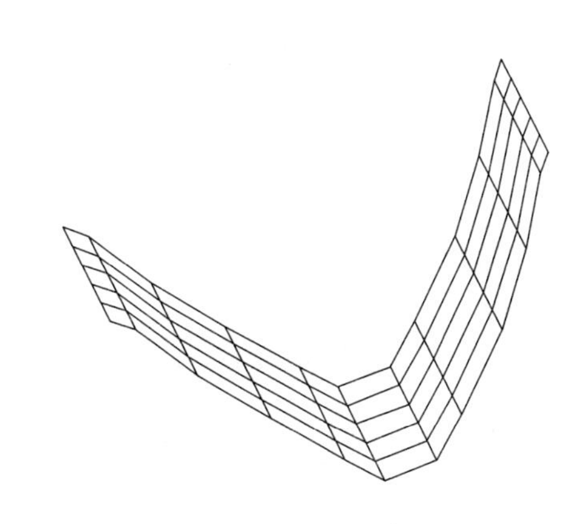

图 2-91　河谷三维曲面图形

3. 用 Revsurf 生成旋转表面

在下拉菜单中选择：“绘制”（Draw）→“曲面”（Surface）→“旋转表面”（Revolved Surface），或在文本窗口输入命令：revsurf，文本窗口出现提示：

当前线框密度：SURFTAB1＝6 SURFTAB2＝6（用户可以选择 SURFTAB1、SURFTAB2，改变当前线框密度）

选择要旋转的对象（Select object to revolve）：（在屏幕上选择要旋转的图形对象）

选择定义旋转轴的对象（Select object that defines the axis of revolution）：（在屏幕上选择定义旋转轴的图形对象）

指定起点角度（Specify start angle）<0>：（可以重新指定，或回车确认）

指定包含角（Specify included angle）（＋＝逆时针，－＝顺时针）<360>：（可以重新指定，或回车确认）

按照文本窗口提示输入自己设定的参数，即可完成三维旋转表面的绘制。

4. 用直纹（rulesurf）工具创建三维曲面

对不同高程上的等高线，可以采用“直纹（rulesurf）”工具创建三维曲面。

在下拉菜单中选择：“绘制”（Draw）→“曲面”（Surface）→“直纹曲面”（rulesurf Surface），或在文本窗口输入命令：_rulesurf，文本窗口出现提示：

当前线框密度：SURFTAB1＝20

选择第一条定义曲线：（在屏幕上选择需要形成直纹曲面的第一条等高线）

选择第二条定义曲线：（在屏幕上选择需要形成直纹曲面的第二条等高线）

即形成两条等高线间的直纹曲面，其中前线框密度参数 SURFTAB1 可以进行调整修改。如果有多条等高线，就需要连续使用几次直纹曲面命令，形成如图 3－92 所示的直纹曲面。

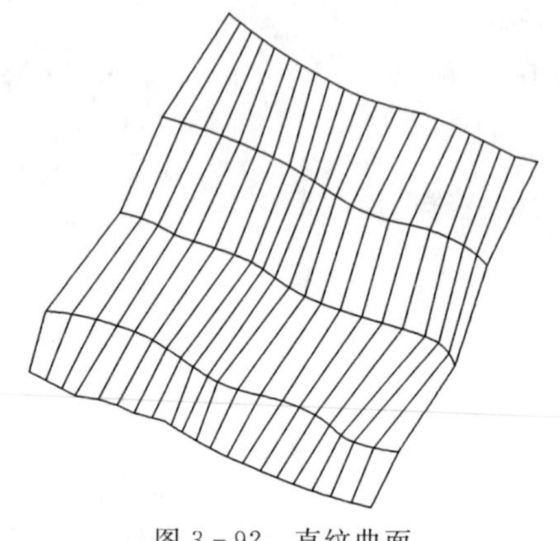

图 3－92　直纹曲面

（二）创建三维实体模型

在下拉菜单中选择："视图"（View）→"工具条"（Toolbars），弹出"工具条"（Toolbars）对话框，在"工具条"对话框中打开"实体"（Solids）工具条，如图 2－93 所示，实体工具条有拉伸、绘制基本三维实体及剖切三维实体等工具。

如图 2－93 所示从左到右各图标的功能如下：

（1）方体（Box），创建三维长方体。

（2）球体（Sphere），创建三维球体。

（3）圆柱体（Cylinder），创建三维圆柱体。

（4）圆锥体（Cone），创建三维圆锥体。

图 2－93　实体工具条

（5）楔体（Wedge），创建斜面沿 X 轴方向倾斜的三维楔体。

（6）圆环（Torus），创建三维圆环实体。

（7）拉伸（Extrude），拉伸二维图形对象创建三维实体。

（8）旋转（Revolve），以轴为中心旋转二维对象创建实体。

（9）剖切（Slice），用平面剖切实体。

（10）切割（Section），用平面或实体的截面创建面域。

（11）并集（Union），用两个或两个以上的实体的公共部分创建复合实体。

（12）视图（Setup Drawing），设置图形，在创建的视窗中生成视图。

（13）设置视窗（Setup View），设置视窗。

（14）轮廓图（Setup Profile），创建三维实体的轮廓图像。

1. 将二维图形转化为三维实体模型

（1）实体拉伸（extrude），首先绘制平面矩形，在文本窗口输入命令：extrude，或选择实体工具条上的"拉伸"工具，文本窗口出现提示：

当前线框密度：ISOLINES=4

选择对象（Select object）：（在屏幕上选择需要拉伸的图形对象）

指定拉伸高度或［路径（P）］（Specify height of extrusion or［path］）：（输入指定拉伸高度值）

指定拉伸的倾斜角度（Specify angle of taper for extrusion）<0>：（重新指定拉伸的倾斜角度，或回车确认）

按照文本窗口提示输入自己设定的参数，即将二维图形拉伸为三维实体模型。

（2）实体旋转（revolve），绘制需要旋转的平面图形，在文本窗口输入命令：revolve，或选择实体工具条上的“旋转”工具，文本窗口出现提示：

当前线框密度：ISOLINES=4

选择对象（Select object）：（在屏幕上选择需要旋转的图形对象）

指定旋转轴的起点或定义轴依照 [对象（O）/X 轴（X）/Y 轴（Y）]（Specify start point for axis of revolution or define axis by [object/X/Y]）：X（指定旋转轴为 X 轴）

指定旋转角度（Specify angle of revolution）<360>：（重新指定，或回车确认）

按照文本窗口提示输入自己设定的参数，即将二维图形通过旋转转变为三维实体模型。

2. 生成基本三维实体模型

选择实体（Solids）工具条上的“方体”（box）、“圆球”（sphere）、“圆锥”（cone）等基本三维模型绘制工具，或在下拉菜单中选择：“绘制”（Draw）→“实体”（Solids）→选择所需要绘制的方体、圆球、圆锥等三维模型绘制工具，按照文本窗口提示输入自己设定的参数，即可完成基本三维实体模型的绘制。

例：在文本窗口输入命令：box，或选择“方体”（box）绘制工具，文本窗口出现提示：

指定长方体的角点或 [中心点（CE）] <0，0，0>：（指定或输入长方体的角点的坐标）命令：_box

指定角点或 [立方体（C）/长度（L）]：L（选择输入长方体尺寸的方式）

指定长度：（输入长方体的长度）

指定宽度：（输入长方体的宽度）

指定高度：（输入长方体的高度）

按照文本窗口提示输入自己设定的参数，即可完成长方体的绘制。

3. 创建复合三维实体模型（布尔运算）

应用“实体”（Solids）绘制工具，只能建立基本的三维实体模型，再应用实体的并集、交集及差集方法（布尔运算），就可以创建复合的三维实体模型。

（1）并集（union）。

并集是合并两个或两个以上的三维实体，构成一个复合实体。在下拉菜单中选择：“修改”（Modify）→“实体编辑”（Solids Editing）→“并集”（union），在文本窗口提示下，逐个选择需要合并的三维实体，回车确认，即完成两个或两个以上的三维实体的合并。

（2）交集（intersect）。

交集是用两个三维实体的公共部分创建复合实体，删除非重合部分。在下拉菜单中选择：“修改”（Modify）→“实体编辑”（Solids Editing）→“交集”（intersect），在文本窗口提示下，逐个选择需要创建交集的三维实体，回车确认，即形成用两个或两个以上的三维实体的公共部分创建的复合实体。

（3）差集（subtract）。

差集是删除两个三维实体的公共部分。在下拉菜单中选择：“修改”（Modify）→“实体编辑”（Solids Editing）→“差集”（subtract），在文本窗口提示下，先选择被减的三维实体对象，再选择需要减去的三维实体对象，回车确认，即构成新的复合实体。

4. 修改剖切三维实体模型

（1）为三维实体倒角。

在文本窗口输入命令：chamfer，或选择修改工具栏“倒角”（chamfer）工具，可以将三维实体角点用平面拉平。

（2）切割三维实体。

在文本窗口输入命令：section，或选择实体工具条上的“切割”（Section）工具，在文本窗口提示下，选择三维实体对象，指定需要截取的截面上的不在一条直线上的三个点，回车确认。完成后可选择截取的截面，如图 2-94 所示，并将该截面移出三维实体之外。

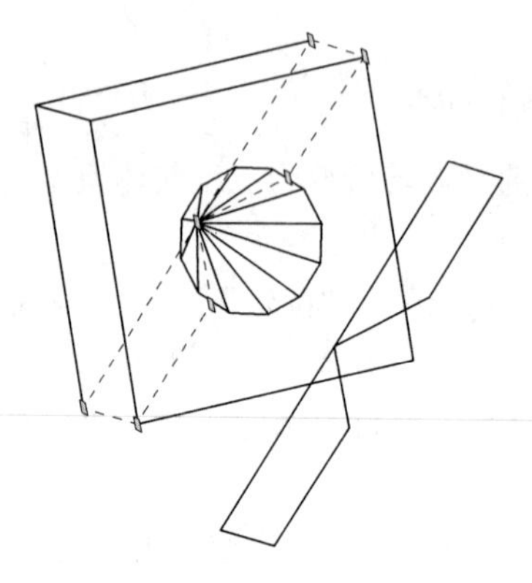

图 2-94　切割三维实体示意图

（3）剖切三维实体。

在文本窗口输入命令：slice，或选择实体工具条上的“剖切”（Slice）工具，在文本窗口提示下，选择三维实体对象，指定需要剖切的截面上的不在一条直线上的三个点，选择三维实体对象上要保留的一边，回车确认即可。

5. 三维实体的尺寸标注

AutoCAD 系统的尺寸标注只能在 XOY 平面上实现。因此在进行三维实体的尺寸标注时，需要变换 UCS 坐标系统，使得书写尺寸文本的方向为 X 轴正方向或 Y 轴正方向。

练　习　题

1. 创建两个基本三维实体，并合并成一个实体。

2. 创建两个基本三维实体，从中减去一个实体。

3. 在三维实体上做一截面并移出实体之外。

4. 绘制非溢流重力坝三维图形，并进行尺寸标注，如图 2-95 所示，其中立方体长（L）：100m；宽（B）：10m；高（H）100m；楔体长（L）：100m；宽（B）：63.75m；高（H）85m。

5. 绘制一个边长为 3m 的正三角形平面桁架，如图 2-96 所示桁架梁的横断面为圆形，圆半径为 $R=0.1$m，各个桁架梁的起点和终点处作半径为 0.2m 的实体圆球，表示桁架梁在该点的焊点。

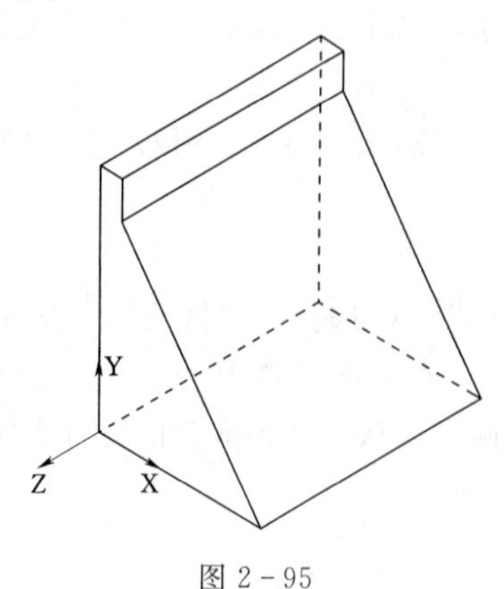

图 2-95

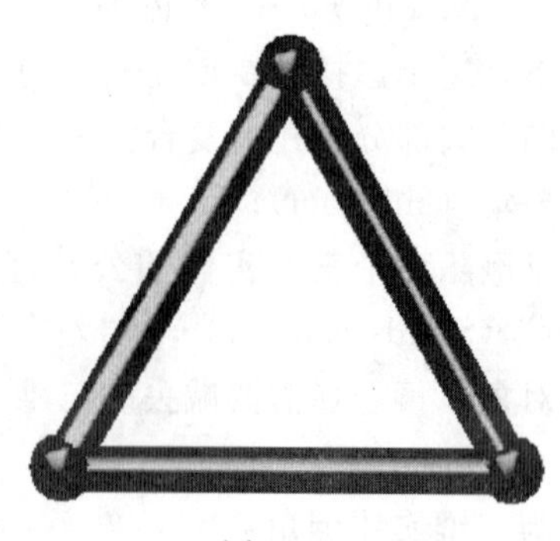

图 2-96

思　考　题

1. AutoCAD 系统有哪些观察三维实体的方式?
2. 在默认的情况下，立方体的长、宽、高分别对应什么坐标轴方向?
3. 在空间坐标系中，如何绘制圆或圆柱体?
4. 如何进行三维实体的尺寸标注?

第十四节　创建其他格式的文件

因编写设计报告和进行工作汇报等工作的需要，常常需要将 AutoCAD 环境下的图形输出到 AutoCAD 系统以外的软件环境下应用；同时也需要将 AutoCAD 系统以外的文件，插入到 AutoCAD 环境下应用，AutoCAD 系统和 Windows 系统为用户进行文件的交换提供了方便。

一、创建 .wmf 格式的文件

.wmf 格式的文件是 Windows 环境下的图元格式。AutoCAD 环境下的图形文件(.dwg)可以直接输出为 Windows 环境下的图元格式。

在 AutoCAD 环境下打开图形文件，在下拉菜单中选择："文件"(file)→"输出"(export)，弹出"数据文件输出"(export data)对话框，如图 2-97 所示，在对话框中给出输出文件名，在保存类型中选择 .wmf 格式，单击"保存"按钮，返回到图形界面上，选择需要输出的图形对象，回车确认，完成 Windows 环境下图元格式的输出，即形成 Windows 环境下 .wmf 格式文件(Windows metalfile format)。

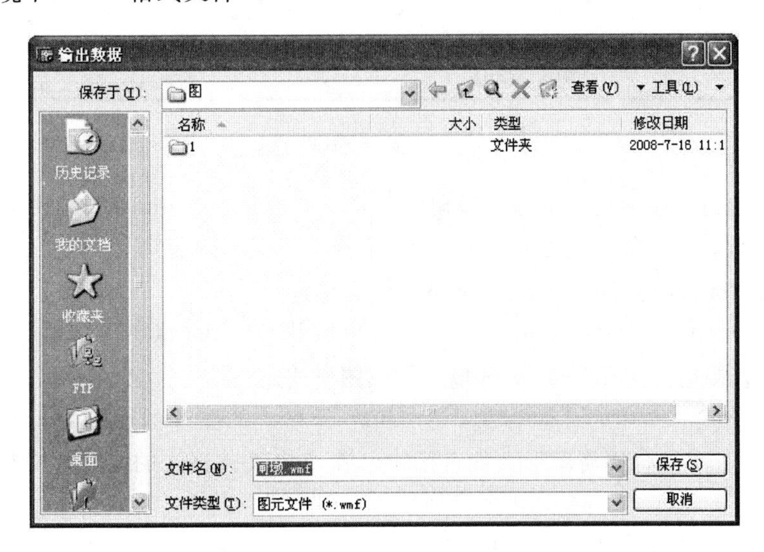

图 2-97　"数据文件输出"对话框

.wmf 格式文件可以作为图片插入到 Microsoft Word 文档中，在 Microsoft Word 环

境中，从下拉菜单中选择："插入"（Insert）→"图片"（Image）→"来自文件"（Form file）（图2-98），弹出"插入图片"对话框（图2-99），根据.wmf格式文件保存的路径，选择制作好的图元文件，即插入到Microsoft Word文档中。

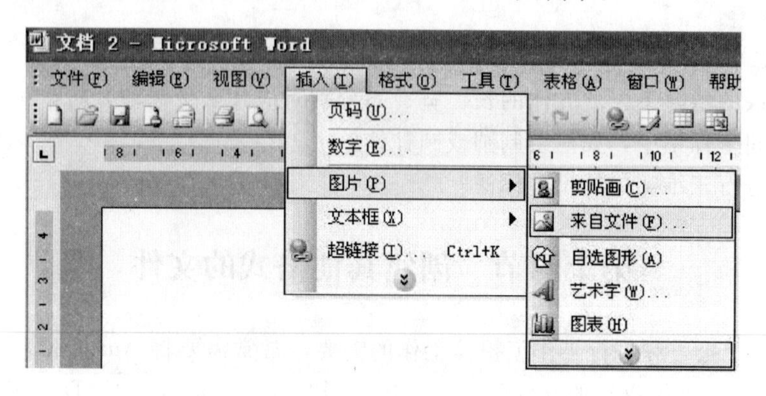

图2-98 插入图片菜单

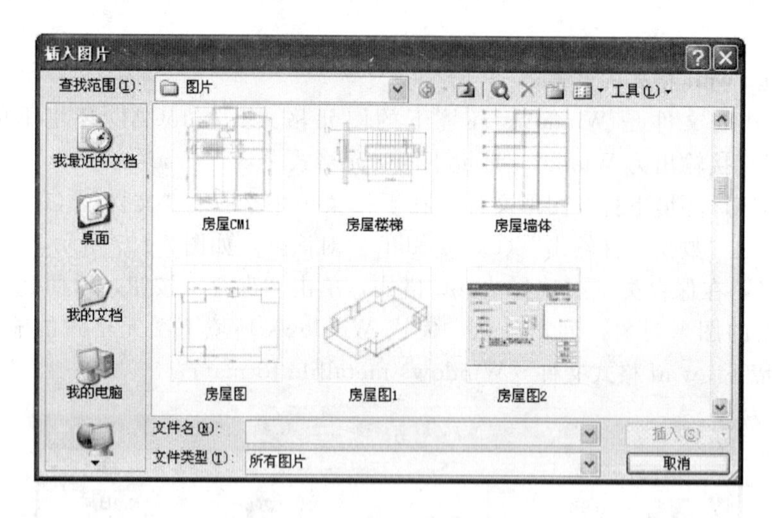

图2-99 "插入图片"对话框

三维图形也可以按照同样的方法输出为二维（平面）的.wmf格式文件，但需要选择好三维观察视角，使制作后的图片看起来表达正确、线条清晰。

二、创建.bmp格式的文件及.jpg格式的文件

.bmp格式的文件是Windows环境下的位图格式。AutoCAD环境下的图形文件（.dwg）可以直接输出为Windows环境下的位图格式。

.jpg文件格式的图片的存储容量，比.bmp件格式的图片的存储容量小得多，但在AutoCAD环境下不能直接将图形文件直接输出成.jpg文件格式的图片，必须通过以下步骤的转换。

（1）打开图形文件，在下拉菜单中选择："文件"（file）→"输出"（export），弹出"数据文件输出"（export data）对话框（图2-97），在对话框中输入文件名，在保存类型中选择.bmp格式，单击"保存"按钮，返回到图形界面上选择输出对象，回车确认，即形成 Windows 环境下的位图格式 . bmp 格式文件。

（2）在 Windows 环境下的“画图”界面上，打开 . bmp 格式文件的图片，在保存类型中选择 . jpg 格式，即可将 . bmp 格式文件的图片转化为 . jpg 格式。

三、创建 . jpg 格式的文件

将 AutoCAD 系统的图形文件应用输出的方式，创建 . wmf 格式的图形和 . bmp 格式的图片文件时，由于在文件转换过程中，丢失了较多的文件信息，致使这些图片在插入 Microsoft Word 文档中，图片的线条颜色较浅，清晰度不高。

使用键盘上的“Print Screen”按键截图，可以得到清晰度较好的 . jpg 文件格式的图片文件。

打开 AutoCAD 系统的图形文件，将需要输出的图形放置在屏幕上合适的位置，按一下键盘上的“Print Screen”按键，接着打开 Windows 附件中的“画图”界面，选择下拉菜单中的：“编辑”（Edit）→“粘贴”（Paste），将整个截图粘贴到界面上，再在整个截图上选取需要的图形部分，将选择的图形部分通过“复制”→“粘贴”命令，粘贴到一个新建文件上，在保存时，选择 . jpg 文件格式，并保存到自己设置的路径中。

四、在 AutoCAD 界面上插入 . jpg 文件格式的图片

在水利水电工程设计过程中，有时需要将地形图等图形资料扫描，使之转化为 AutoCAD 系统的 . dwg 文件格式，以便于重新编辑。AutoCAD 系统提供了在 AutoCAD 界面上插入 . jpg 文件格式的图片的功能。

在下拉菜单中选择“插入”（Insert）→“图像管理器”（Image Manager），“弹出图像管理器”（Image Manager）对话框（图 2-100）。

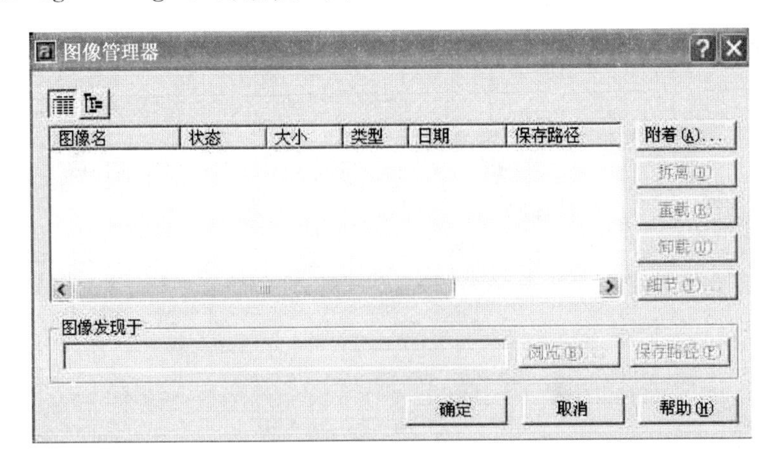

图 2-100　“图像管理器”对话框

单击“附着”（Attach）按钮，弹出选择图像文件对话框（图 2-101），通过“浏览（Browse）”按钮，选择需要插入的图片文件，即可完成图片插入。插入的图片一般位于 0 号图层，再新建图层，然后以插入的图片为底图，在新建图层上描绘该图片上的点、线等图形元素，重新形成该图片的 . dwg 文件格式。

描绘完毕后，将 0 号图层上插入的图片删除，以减小图形文件的容量。

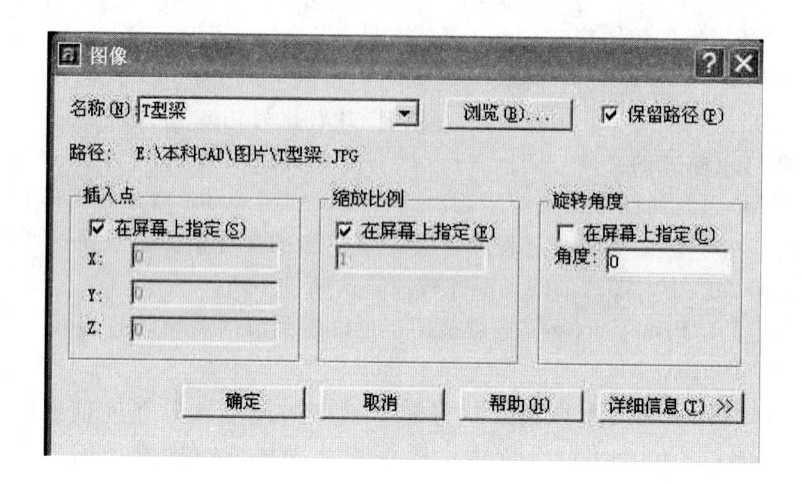

图 2-101　"图像文件"对话框

练　习　题

1. 创建 Windows 环境下的.wmf 格式的文件，并插入到 Word 文档中。
2. 创建格式为.jpg 文件格式的图片，并插入到 Word 文档中。
3. 在 AutoCAD 界面上插入.jpg 文件格式的图片，并将其转化为.dwg 文件格式。

思　考　题

jpg 文件格式的图片插入到 AutoCAD 界面上，能直接修改、编辑吗？

第三章　AutoCAD 绘图技术应用示例

第一节　二维图形绘制示例

例 1： 绘制中国结图形。

绘制步骤如下：

（1）绘制 100×100 的正方形。

（2）以 100×100 的正方形的左下角为基点，绘制 40×40 的正方形。

（3）在 40×40 的正方形中间绘制一个边长为 40/3 的小正方形，如图 3－1（a）所示。

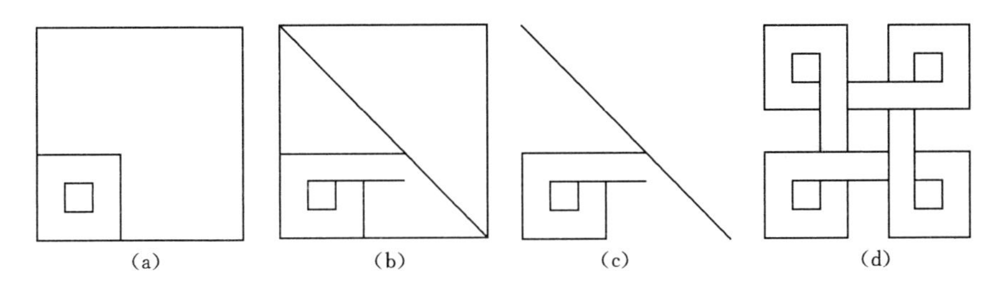

图 3－1　中国结

采用“偏移”命令完成。

命令：_offset

指定偏移距离或［通过（T）］<通过>：40/3（输入偏移距离）

选择要偏移的对象或<退出>：（选择 40 * 40 正方形）

指定点以确定偏移所在一侧：（在 40 * 40 正方形内指定点，即完成边长为 40/3 的小正方形的绘制）

（4）图形整理。

绘制 100×100 的正方形的对角线，将 40×40 的正方形的上部水平边延长至 100×100 的正方形的对角线，小正方形的上部水平边与之对齐，如图 3－1（b）所示。

（5）采用“阵列”方式完成中国结的绘制。

将 100×100 的正方形删除，如图 3－1（c）所示，以 100×100 的正方形的对角线的中点为基点，以如图 3－1（c）所示中对角线左下角的图形为对象，进行环型阵列，阵列项目总数为 4。即可完成中国结的绘制，如图 3－1（d）所示。

例 2： 绘制齿轮图形。

绘制步骤如下：

（1）绘制一个半径为 100 的大圆。

（2）以所绘制圆上的一点为圆心，绘制一个半径为 30 的小圆，并进行修剪，如图

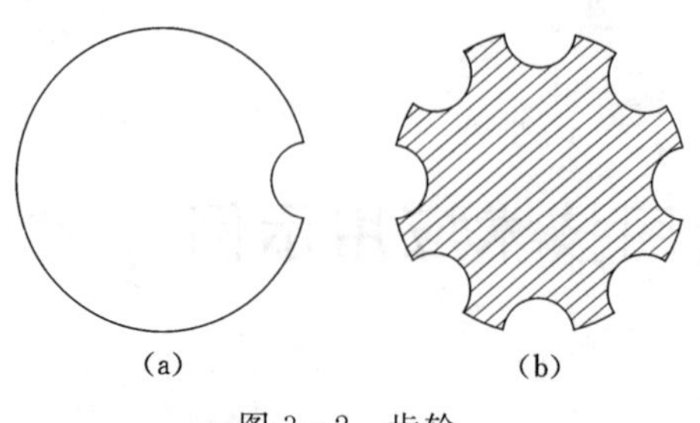

图 3-2　齿轮

3-2（a）所示。

（3）以半径为 100 的大圆的圆心为环型阵列的圆心，以半径为 30 的圆弧为对象，进行环型阵列，阵列项目总数为 8。阵列完毕后，进行修剪和图案填充，即可完成齿轮图形的绘制，如图3-2（b）所示。

例 3：绘制铁艺门立面图。

绘制步骤如下：

（1）选择矩形工具，绘制外框线：长×宽＝90×200。

（2）选择偏移工具，以偏移距离分别为 8、2，绘制出双层内框线。

（3）绘制单层内框线：长×宽＝50×150。

命令：_ rectang

指定第一个角点或［倒角（C）/标高（E）/圆角（F）/厚度（T）/宽度（W）］：FRO 基点：（输入“捕捉自”（FRO）命令，用于捕捉确定单层内框的左下角点）

<偏移>：@10，15（在屏幕上指定双层内框的左下角点为基点，再输入单层内框的左下角点与双层内框的左下角点的相对坐标，回车确认）

指定另一个角点或［尺寸（D）］：FRO（输入“捕捉自”（FRO）命令，用于捕捉确定单层内框的右上角点）

<偏移>：@－10，－15（在屏幕上指定双层内框的右上角点为基点，再输入单层内框的右上角点与双层内框的右上角点的相对坐标，回车确认）

如图 3-3（a）所示。

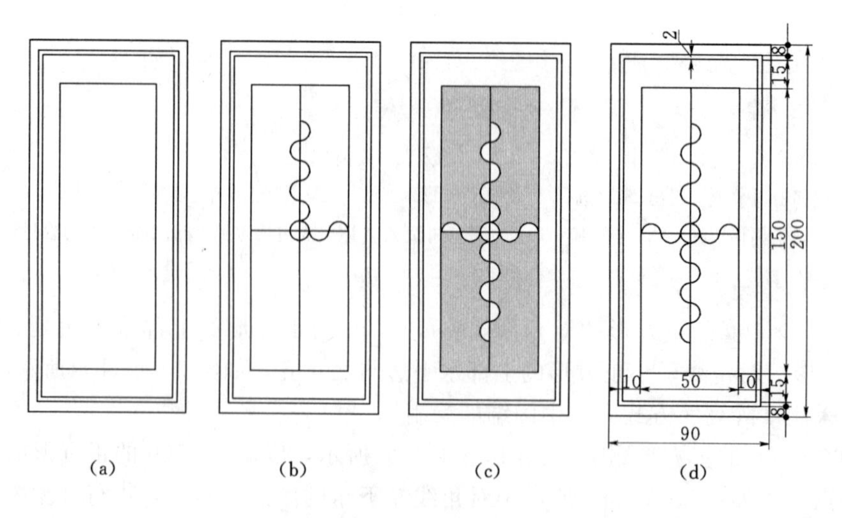

图 3-3　铁艺门

（4）在单层内框中绘制两条互相垂直的直线。

通过单层内框两条边线的中点，绘制两条互相垂直的直线，以两条互相垂直的直线的交点为圆心，绘制一个半径为 5 的小圆，在小圆和直线的交点上，将两条直线打断，形成两条独立的水平直线和两条独立的垂直直线。

（5）对其中的一条垂直直线进行6等分。

命令：_ divide

选择要定数等分的对象：（选择要定数等分的一条垂直的直线）

输入线段数目或［块（B）］：6（输入线段等分数目）

（6）在等分后的垂直直线上绘制铁艺曲线。

命令：_ pline

指定起点：

当前线宽为0.0000

指定下一个点或［圆弧（A）/半宽（H）/长度（L）/放弃（U）/宽度（W）］：A（采用圆弧方式绘制铁艺曲线）

指定圆弧的端点或［角度（A）/圆心（CE）/方向（D）/半宽（H）/直线（L）/半径（R）/第二个点（S）/放弃（U）/宽度（W）］：A（采用角度方式确定圆弧的包含角度）

指定包含角：180（圆弧的包含角度为180^{0}）

指定圆弧的端点或［圆心（CE）/半径（R）］：（连续地选择垂直直线上的等分点，回车确认，即完成垂直直线上铁艺曲线的绘制）

水平直线上铁艺曲线的绘制同理，如图3-3（b）所示。

（7）对水平和垂直铁艺曲线进行镜像及图案填充，如图3-3（c）所示。

例4：绘制弧形闸门示意图。

绘制步骤如下：

首先建立一个实线层、一个虚线层。

（1）绘制一条长8m的垂直直线。

命令：_ line

指定第一点：

指定下一点或［放弃（U）］：8（输入直线长度，回车确认）

（2）以8m长的垂直直线的两端点为起点和终点，绘制半径为10m的圆弧。

命令：_ arc

指定圆弧的起点或［圆心（C）］：（在屏幕上指定直线的一个端点为起点）

指定圆弧的第二个点或［圆心（C）/端点（E）］：（在屏幕上指定直线的另一个端点为终点）

指定圆弧的圆心或［角度（A）/方向（D）/半径（R）］：_ r 指定圆弧的半径：10（输入圆弧的半径，回车确认）

（3）对所绘制的圆弧进行5等分。

命令：_ divide

选择要定数等分的对象：（选择所绘制的圆弧）

输入线段数目或［块（B）］：5（输入线段等分数目，回车确认）

（4）绘制连接圆弧上的等分点和圆心的两条直线，作为弧形闸门的支臂，如图3-4（a）所示。

（5）对表示弧形闸门支臂的两条直线进行4等分。

命令：_ divide

选择要定数等分的对象：(选择支臂的一条直线)

输入线段数目或［块（B)］：4（输入线段等分数目，回车确认）

命令：_ divide

选择要定数等分的对象：(选择支臂的另一条直线)

输入线段数目或［块（B)］：4（输入线段等分数目，回车确认）

(6) 以支臂直线上的等分点为依据，绘制连接两条支臂直线间的三角桁架梁。

命令：_ pline（选择多段线工具）

指定起点：(指定支臂直线上的一个等分点)

当前线宽为 0.0000

指定下一个点或［圆弧（A）/半宽（H）/长度（L）/放弃（U）/宽度（W)］：(以等分点为依据，连续绘制三个三角桁架梁，如图 3-4（a）所示。

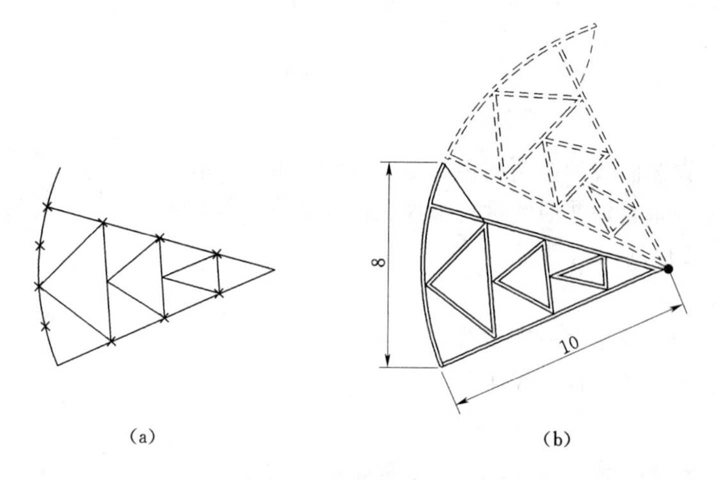

图 3-4　弧形闸门示意图（单位：m）

(7) 对弧面、两条支臂直线及三个三角桁架梁进行偏移，偏移距离为 0.2（以表示弧形闸门为空间结构物)。

命令：_ offset

指定偏移距离或［通过（T)］<通过>：0.2（指定偏移距离，选择弧面、两条支臂直线及三个三角桁架梁，均向内部方向进行偏移）

(8) 采用围栏的方式修剪多余的线头。

(9) 复制一扇弧形闸门，并进行旋转到开启的位置。

命令：_ copy

选择对象：(选择已绘制好的弧形闸门)

指定基点或位移，或者［重复（M)］：(指定基点，复制一个弧形闸门)

命令：_ rotate

UCS 当前的正角方向：ANGDIR=逆时针 ANGBASE=0

选择对象：(选择已复制的弧形闸门进行旋转到开启的位置)

（10）将其中一扇闸门放到虚线层上。

选择开启位置上的闸门或关闭位置上的闸门，在层下拉列表框中选择虚线层，即将该位置的闸门放到虚线层上。再在闸门的端点绘制一个小圆，并进行填充，表示弧形闸门的支绞，如图 3－4（b）所示。

例 5：坐标轴的绘制。

绘制步骤如下：

方法一：

（1）绘制一条 100m 长的带箭头的线段。

命令：_qleader（采用“引线”工具，绘制 100m 长的带箭头的线段）

指定第一个引线点或［设置（S）]：（在屏幕上确定第一个点）
指定下一点：100（在屏幕上确定第二个点）

回车退出“引线”命令。

（2）将所绘制的线段 10 等分。

命令：_divide

选择要定数等分的对象：（在屏幕上选择所绘制的线段）
输入线段数目或［块（B）]：10（输入线段等分数目，回车确认）

（3）选择“多行文字”命令：mtext，在坐标轴的左端书写一个文字。

（4）选择“阵列”命令：array，由矩形阵列方式为坐标轴上所有文字的位置定位。

（5）对“阵列”后的文字进行修改，如图 3－5 所示。

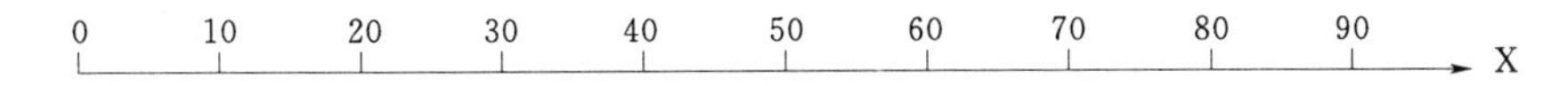

图 3－5　坐标轴示意图（1）

方法二：

（1）绘制一条 100m 长的带箭头的线段。

命令：_qleader（采用“引线”工具，绘制 100m 长的带箭头的线段）

指定第一个引线点或［设置（S）]：（在屏幕上确定第一个点）
指定下一点：100（在屏幕上确定第二个点）

回车退出“引线”命令。

（2）将所绘制的线段 10 等分。

命令：_divide

选择要定数等分的对象：（在屏幕上选择所绘制的线段）
输入线段数目或［块（B）]：10（输入线段等分数目，回车确认）

（3）以线段的左端点为原点，建立用户坐标。

命令：UCS，文本窗口出现提示：

当前 UCS 名称：*世界*
［新建（N）/移动（M）/正交（G）/上一个（P）/恢复（R）/保存（S）/删除（D）/应用（A）/?/世界

(W)] <世界>：N（新建立用户坐标）

指定新 UCS 的原点或 [Z 轴（ZA）/三点（3）/对象（OB）/面（F）/视图（V）/X/Y/Z] <0，0，0>：（在屏幕上指定线段的左端点为原点）

（4）采用坐标横标注方式，标注坐标轴上的文字。

命令：_ dimordinate

指定点坐标或 [X 基准（X）/Y 基准（Y）/多行文字（M）/文字（T）/角度（A）]：（在屏幕上依次指定每个等分点）

标注文字＝10 标注文字＝20 标注文字＝30………，完成坐标轴绘制，如图 3－6 所示。

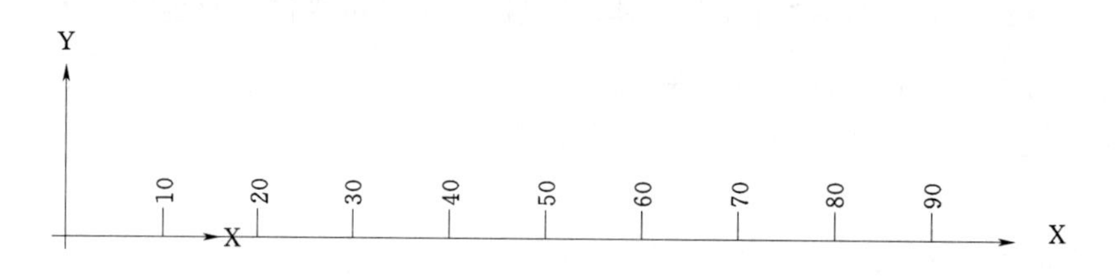

图 3－6　坐标轴示意图（2）

例 6： 应用坐标标注方式完成某渡槽纵剖面图上桩号标注。

说明： 在水利水电工程中，有许多纵向尺寸远大于横向尺寸的结构，如堤防工程、渠道工程等。设计时，习惯用桩号的方式标注这类结构的纵向尺寸。

绘制步骤如下：

（1）建立用户坐标系。

以桩号 0＋380 为起点，向左（X 轴反方向）绘制一条长度为 380m 的水平直线，以 380m 长的水平直线的左端点为原点（以使得本题目中起始桩号为 0＋380），建立用户坐标。

命令：UCS，文本窗口出现提示：

当前 UCS 名称：＊世界＊

[新建（N）/移动（M）/正交（G）/上一个（P）/恢复（R）/保存（S）/删除（D）/应用（A）/？/世界（W）] <世界>：N（以 380m 长的水平直线的左端点为原点，新建立用户坐标）

指定新 UCS 的原点或 [Z 轴（ZA）/三点（3）/对象（OB）/面（F）/视图（V）/X/Y/Z] <0，0，0>：（在屏幕上指定 380m 长的水平直线的左端点为原点）

（2）打开"尺寸标注修改"对话框中的"主单位"标签，在前缀框中填写"桩号 0＋"。

（3）打开"文字式样"对话框，在"字体名"下拉列表框中，选择中文字体名。

（4）采用横坐标标注方式进行桩号标注，如图 3－7 所示。

例 7： 绘制五角星图案，并进行填充。

绘制步骤如下：

（1）建立两个图层。

（2）在第一个图层上绘制正五边形。

命令：_ polygon

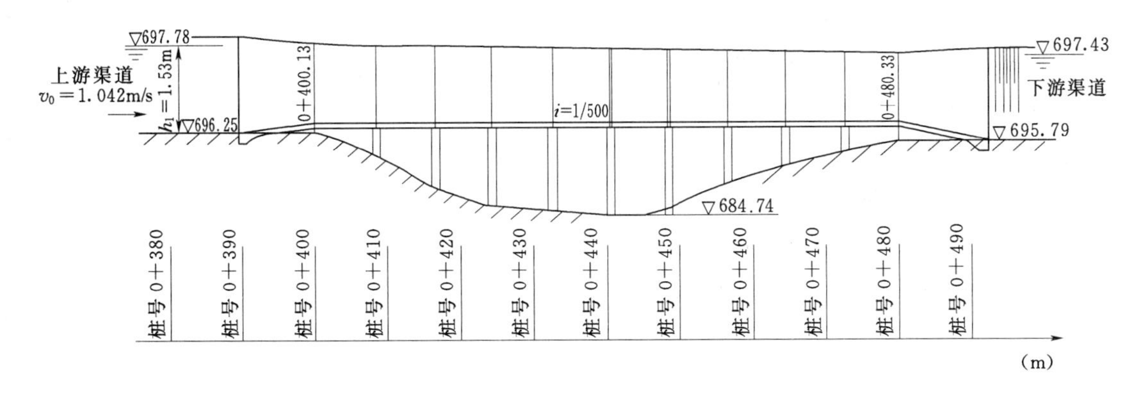

图3-7　某渡槽纵剖面图

输入边的数目＜5＞：(输入5，绘制正五边形)

指定正多边形的中心点或［边(E)］：E(以绘制边长方式绘制正五边形)

指定边的第一个端点：指定边的第二个端点：100(输入边长100，回车确认，完成正五边形的绘制)

(3)在正五边形内，选择“直线”工具草绘五角星。

(4)在第二个图层上，采用“多段线”工具描绘五角星图形。

命令：_pline

指定起点：

当前线宽为0.0000

指定下一个点或［圆弧(A)/半宽(H)/长度(L)/放弃(U)/宽度(W)］：(依次描绘五角星图形)

描绘完毕后，关闭第一层。

(5)采用“偏移”命令，在原有的五角星图形的基础上，向外或内绘制两个五角星图形。

命令：_offset

指定偏移距离或［通过(T)］＜通过＞：10(输入偏移距离)

选择要偏移的对象或＜退出＞：(选择用“多段线”工具描绘五角星图形)

指定点以确定偏移所在一侧：(在原有的五角星图形的基础上，向外或内偏移两个五角星图形)

(6)绘制直线，将三层五角星的一个角点连接起来。

(7)选择“修剪”命令，对前面所绘制的图形进行修剪，留下五角星的一个角及五角星的中点。

(8)选择“填充”命令，如图3-8所示，对五角星的一个角进行填充。

(9)选择“阵列”命令，完成五角星图案的绘制。

命令：_array

指定阵列中心点：(指定五角星的中点为阵列中心点)

阵列项目总数为：5(输入阵列项目的数目)

选择对象：(选择五角星的一个角，回车确认)

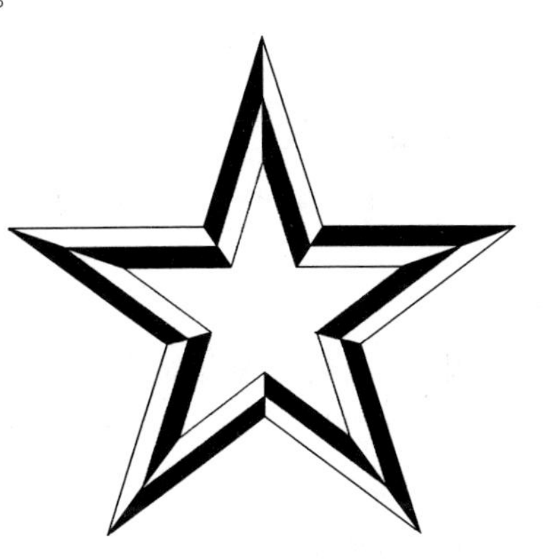

图3-8　五角星图案

完成五角星图案的绘制。

例 8：绘制由矩形截面渐变为圆形截面的渐变段中 2-2 剖面图，$B=D=100$。

绘制步骤如下：

（1）绘制边长为 100 的矩形。

命令： _ rectang

指定另一个角点或［尺寸（D）］：d

指定矩形的长度<0.0000>：100

指定矩形的宽度<0.0000>：100

（2）设置倒圆半径。

命令： _ fillet，文本窗口出现提示：

当前设置：模式=修剪，半径=0.00

选择第一个对象或［多段线（P）/半径（R）/修剪（T）/多个（U）］：r（设置倒圆半径）

指定圆角半径<0.00>：'cal（采用函数计算的方法计算倒圆半径）

≫表达式：dee（倒圆半径为渐变段图中 2-2 断面处所示一段线段 r 的长度）

≫选择一个端点给 dee：（在屏幕上选择 r 线段的一个端点）

≫选择下一个端点给 dee：（在屏幕上选择 r 线段的另一个端点）

25.061（AutoCAD 系统按表达式计算出该线段的长度值，并将其设置为倒圆的半径）

（3）对矩形的四个角进行倒圆

文本窗口出现提示：

选择第一个对象或［多段线（P）/半径（R）/修剪（T）/多个（U）］：p（选择“多段线（P）”，因为按“矩形”工具绘制的矩形为多段线）

选择二维多段线：（在屏幕上选择所绘制的矩形，回车确认）

4 条直线已被倒圆角，即完成 2-2 剖面图的绘制，如图 3-9 所示。

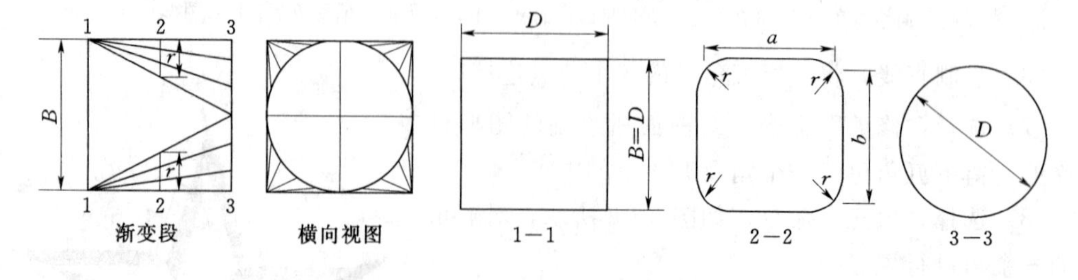

图 3-9 矩形截面渐变为圆形截面示意图

例 9：某渠道渠首部位的横断面从矩形断面，如图 3-10（a）所示渐变到梯形断面，如图 3-10（b）所示，试绘制出矩形断面渐变到梯形断面横剖视图，如图 3-10（d）所示。

绘制步骤如下：

（1）将如图 3-10 所示中（a）和（b）按中心线重合到一起，并找到梯形断面渐变到矩形断面中对应的线段，如图 3-10（e）所示。

（2）将对应的线段分别等分为相同的等份。

（3）用直线分别连接对应线段上的等分点，即完成矩形断面渐变到梯形断面横剖视图，如图 3-10（d）所示。

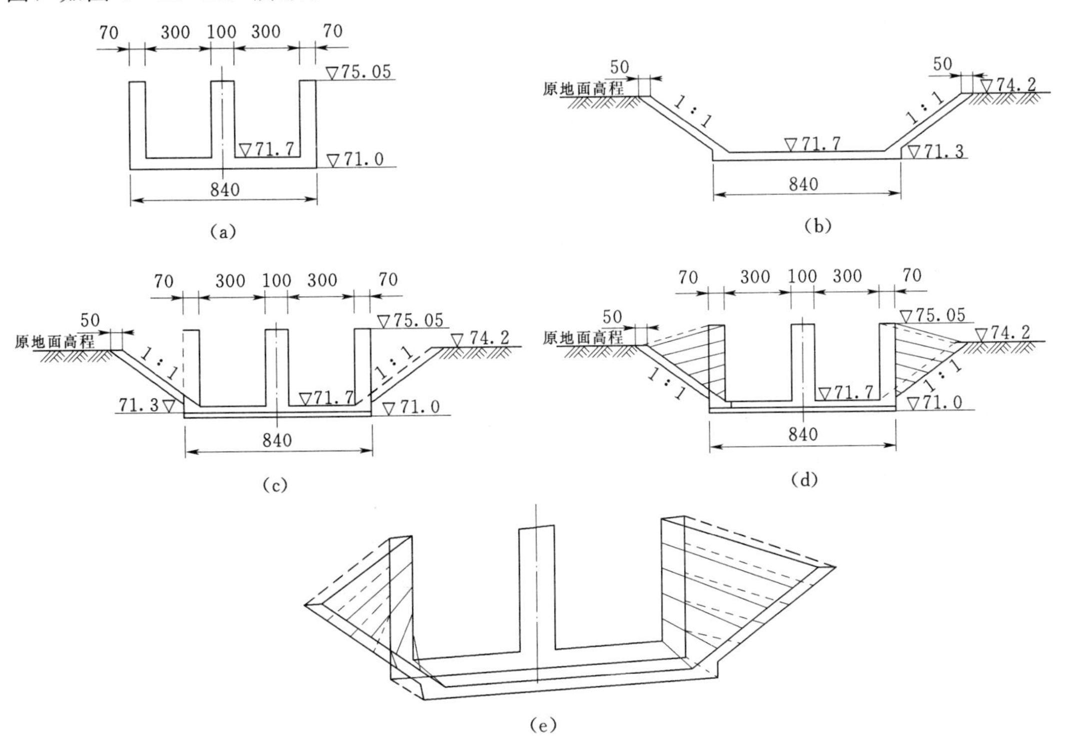

图 3-10　梯形断面渐变到矩形断面的横断面图（高程以 m 计，其他单位为 cm）

例 10：某房屋首层平面图和二层平面图如附图 1 所示，试按要求绘制房屋平面设计图。

基本设计资料：

（1）墙体厚度 240mm。

（2）C1 宽 1200mm，C2 宽 1500mm，M1 宽 2400mm，M2 宽 1000mm，M3 宽 800mm；门、窗一般可以按两种方式放置：①放置到需要设置门或窗一段墙体的正中间位置；②放置到需要设置门或窗一段墙体的一端，一般离墙体角点的距离为 200mm。

（3）两级楼梯各为 10 级台阶，台阶宽 240mm。

（4）①轴线——②轴线距离 2400mm；②轴线——③轴线距离 1200mm；③轴线——④轴线距离 1800mm；④轴线——⑤轴线距离 3600mm。

（5）（A）轴线——（A1）轴线距离 500mm，（A）轴线——（B）轴线距离 5000mm，（B）轴线——（C）轴线距离 1200mm；（C）轴线——（D）轴线距离 1000mm；（D）轴线——（E）轴线距离 1800mm；（E）轴线——（F）轴线距离 1200mm；（F）轴线——（G）轴线距离 1200mm。

绘制步骤如下：（以 mm 为单位绘制）。

（1）设置实线层、点划线层、墙体线层、门窗层等图层。

（2）绘制墙体纵横向轴线。

在点划线层上绘制墙体纵横向轴线（先绘制一条轴线，其他各轴线采用偏移的方式绘制，如图3-11（a）所示）。

（3）选择“多线”命令，在墙体线层绘制墙体线。

1）创建新的“多线”式样“A”：鼠标对正与中线，多线比例=240

2）选择绘制“多线”命令：_ mline

当前设置：对正=无，比例=240.00，样式=A

指定起点或[对正（J）/比例（S）/样式（ST）]：[如附图1或图3-11（b）所示的要求绘制墙体线]

3）选择绘制“多线修改”命令：_ mledit（在“修改”菜单下，选择“对象”→“多线”，打开“多线修改”对话框，选择角点结合，以便对墙体线的角点进行修正）

选择第一条多线：（选择角点结合的第一条多线，回车确认）

选择第二条多线：（选择角点结合的第二条多线，回车确认，如图3-11（b）所示）。

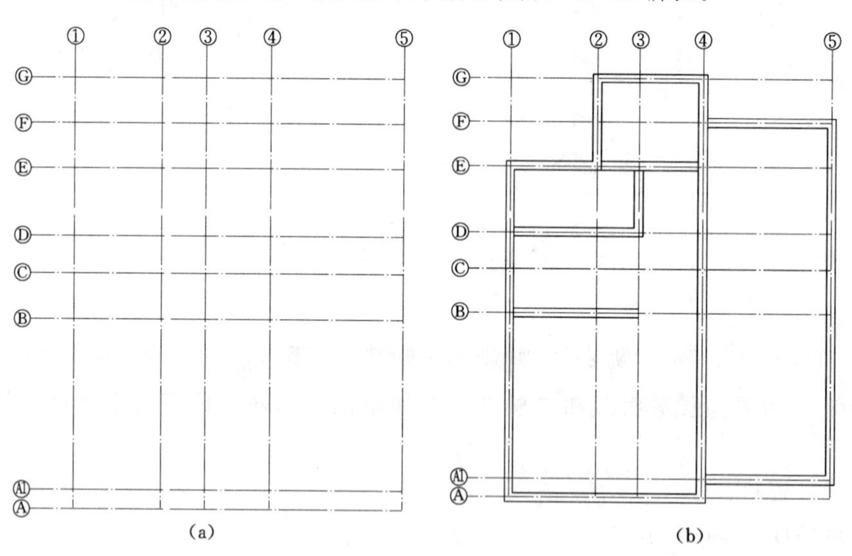

图3-11 墙体轴线及墙体线图

（4）开启点划线层、门窗层，绘制墙体上的门窗。

1）制作门图块（按宽度100mm制作，插入时再根据实际宽度缩放）。

命令：_ line

指定第一点：

指定下一点或[放弃（U）]：100

指定下一点或[放弃（U）]：100（绘制两条长度100，垂直相交的水平直线和垂直直线）

命令：_ arc

指定圆弧的起点或[圆心（C）]：（指定圆弧的起点）

指定圆弧的第二个点或[圆心（C）/端点（E）]：_ c指定圆弧的圆心：（指定圆弧的圆心）

指定圆弧的端点或［角度（A）/弦长（L）］：（指定圆弧的端点）

命令：_block（将绘制的门图形制作成图块）

指定插入基点：（指定水平直线和垂直直线的交点为插入基点）
选择对象：指定对角点：找到3个（回车确认，完成“M”图块制作，如图3-12（a）所示门图块）

2）制作窗图块（按长度100mm，宽度240mm制作窗图形，插入时再根据实际宽度缩放）

命令：_rectang

指定第一个角点或［倒角（C）/标高（E）/圆角（F）/厚度（T）/宽度（W）］：
指定另一个角点或［尺寸（D）］：d（选择尺寸输入的方式）
指定矩形的长度<0.0000>：100
指定矩形的宽度<0.0000>：240

命令：_explode（将矩形分解，以便于后面使用“偏移”工具）

选择对象：找到1个

命令：_offset

指定偏移距离或［通过（T）］<通过>：80（将矩形的长度，按偏移距离80mm，偏移两条，如图3-12（b）所示）

命令：_block（将绘制的窗图形制作成图块）

指定插入基点：（以240mm长线段的中点为插入基点）
选择对象：指定对角点：找到6个（回车确认，完成“C”图块制作，如图1-13（b）所示窗图块）

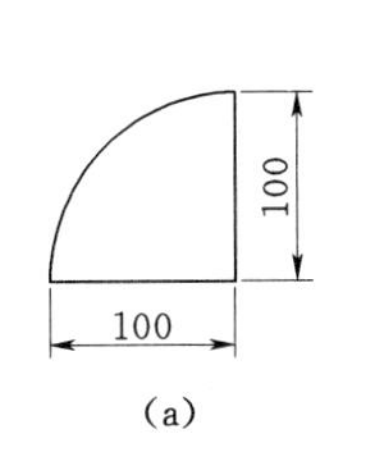

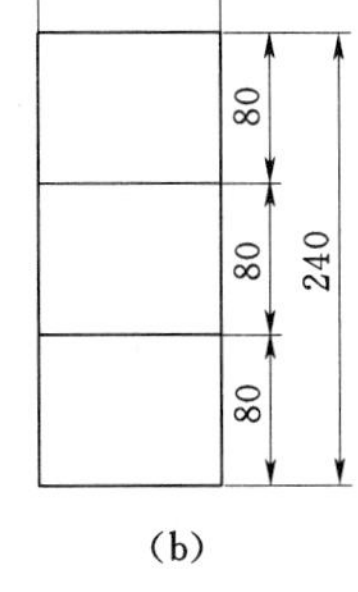

图3-12　制作门、窗图块
（a）门图块；（b）窗图块

3）插入“M”图块。

关闭“墙体线层”，在门窗层图上采用“FRO”的方法，在“墙体纵横向轴线”图层上确定“M”图块的插入点的位置，根据门的大小，按X、Y方向同比例放大的方式，将“M”图块插入到指定的位置。

4）插入“C”图块。

关闭“墙体线层”，在门窗层图上采用“FRO”的方法，在“墙体纵横向轴线”图层上确定“C”图块的插入点的位置，根据窗的大小，按X方向比例放大，Y方向比例不变的方式，将“C”图块插入到指定的位置。

例如，A轴线上靠左端的窗户C1，长1500mm，位于2400mm长的墙体的中间，离左端墙体角点的距离为450mm。

命令：_insert

弹出“插入图块”对话框，在缩放比例组合框中的X比例，填写15，即在X方向放大15倍，Y方向比例不变，如图3-13所示。

指定插入点或［比例（S）/X/Y/Z/旋转（R）/预览比例（PS）/PX/PY/PZ/预览旋转（PR）］：fro（在屏幕上指定插入点，采用“捕捉自（fro）”方式）

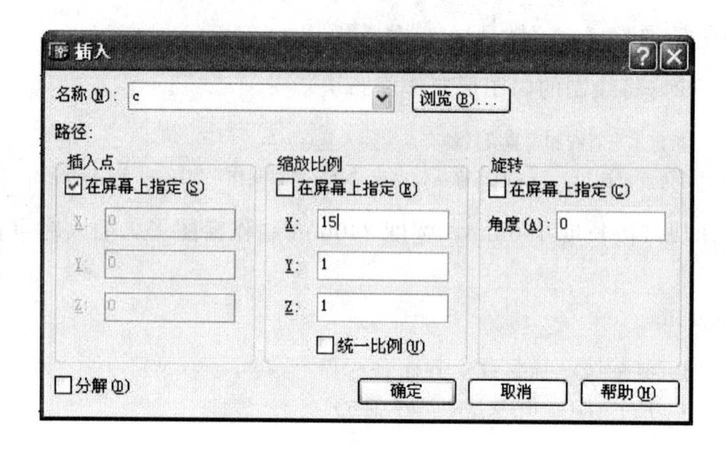

图 3－13　“插入 C 图块”对话框

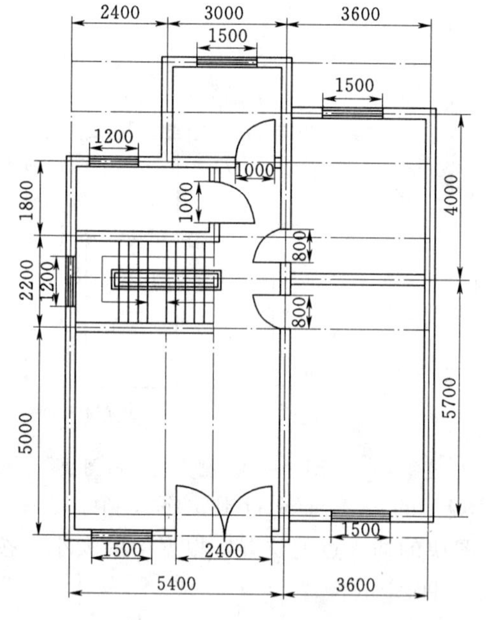

图 3－14　门窗布置图

基点：＜偏移＞：@450，0（指定左端墙体角点为基点，窗户离左端墙体角点的相对距离为@450，0，回车确认）。

即完成 A 轴线上靠左端的窗户 C1 的插入绘制，其他门或窗户按相同的方式插入绘制。

说明：门、窗图块一般可以按两种方式插入到指定的位置：①插入到需要放置门或窗的一段墙体的正中间位置；②插入到需要放置门或窗的一段墙体的一端，一般离墙体角点的距离为 200mm。

5）开启“墙体线层”，对图形进行适当的修剪，如图 3－14 所示。

（5）绘制楼梯间图形。

①轴线——③轴线之间，（B）轴线——（D）轴线之间为楼梯间。

1）在（B）轴线——（D）轴线之间，绘制垂直直线长 1960mm，再选择“矩形阵列”工具，列间距 240mm，绘制出 10 级台阶。

2）在 1960mm 长的直线中间，绘制一个矩形，长 2400mm，宽 300mm（表示上下楼梯间的距离）。

命令：_ rectang

指定第一个角点或［倒角（C）/标高（E）/圆角（F）/厚度（T）/宽度（W）］：fro

基点（以 1960mm 长的直线的中点为基点）：＜偏移＞：@0，－150（确定长 2400mm，宽 300mm 矩形的一个角点）

指定另一个角点或［尺寸（D）］：d

指定矩形的长度＜0.0000＞：2400

指定矩形的宽度＜0.0000＞：300（完成长 2400mm，宽 300mm 矩形的绘制）

3）采用偏移的方式（距离 100mm，距离 50mm）绘制两个矩形，作为楼梯上栏杆的示意图，如图 3－15 所示。

（6）将绘制墙体的多线分解，以便对墙体进行填充。

（7）如附图 1 所示的要求，将所绘制平面图修改为首层平面和二层平面图。

（8）在房屋的纵横轴线间进行尺寸标注。

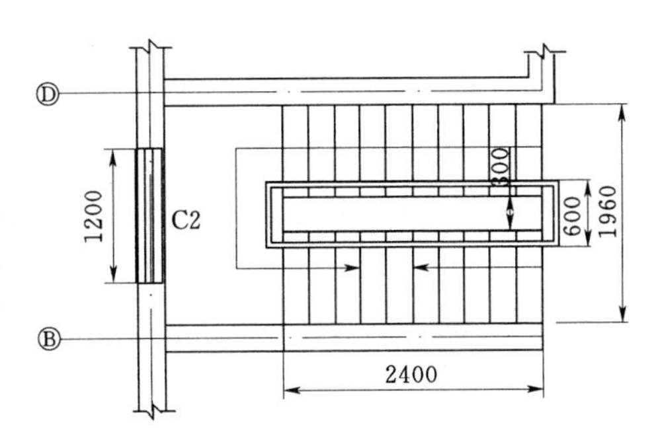

图 3－15　楼梯间布置图

例 11： 某溢流重力坝剖面基本资料见表 3－1，表 3－2，试绘制溢流重力坝剖面图，如附图 2 所示。

表 3－1　　堰顶 WES 曲线

坐　标	1	2	3	4	5	坐　标	1	2	3	4	5
X	0.00	4.00	8.00	12.00	16.67	Y	0.00	0.92	3.31	7.00	12.88

表 3－2　　溢流坝剖面设计参数

序　号	剖面特性	特征值	序　号	特征水位	特征值
1	椭圆长半轴	6.00m	1	正常蓄水位	94.00m
2	椭圆短半轴	4.00m	2	设计洪水位	96.00m
3	下游坡比	1：0.7	3	相应下游水位	15.50m
4	堰顶高程	88.00m	4	校核洪水位	98.10m
5	建基面高程	0.00m	5	相应下游水位	17.00m
6	坝顶高程	99.30m			
7	反弧半径	20.00m			
8	挑角 θ	25°			

SQRT　=A1&","&-B1

	A	B	C
1	0	0	=A1&","&-B1
2	4	0.92	4,-0.92
3	8	3.31	8,-3.31
4	12	7	12,-7
5	16.67	12.88	16.67,-12.88

图 3－16　Excel 中 WES 曲线的格式

绘制步骤如下（以 m 为单位绘制）：

（1）建立用户坐标，新建坐标原点为堰顶 WES 曲线的起点。

（2）绘制堰顶曲线。

将堰顶的 WES 曲线的坐标值，如图 3－16 所示的格式写入 Excel 的电子表格中。

选择 C1～C5 列后，进行复制。

在 AutoCAD 环境下选择“样条曲线”（spline）工具，文本窗口出现提示后，将 Excel 中 C1～C5 列的坐标值粘贴到文本窗口，文本窗口出现如下命令执行过程：

指定第一个点或［对象（O）］：0，0

指定下一点：4，－0.92

指定下一点或［闭合（C）/拟合公差（F）］<起点切向>：8，－3.31

指定下一点或［闭合（C）/拟合公差（F）］<起点切向>：12，－7

指定下一点或［闭合（C）/拟合公差（F）］<起点切向>：16.67，－12.88

粘贴完毕后，回车确认即可完成堰顶 WES 曲线的绘制。

（3）绘制下游 1∶0.7 的直线段。

在堰顶 WES 曲线的末端绘制一个竖直方向长 1，水平方向长 0.7（或竖直方向长 10，水平方向长 7）的直角三角形，将直角三角形的斜边向建基面高程的水平线延伸即可，如图 3-17 所示。

（4）反弧段的绘制如图 3-17 所示。

在确定的反弧段最低点高程上绘制水平辅助线，分别对反弧段最低点高程位置水平辅助线和下游 1∶0.7 的直线进行偏移，偏移距离为反弧段半径 R 的长度，两条偏移后直线的交点即为反弧段的圆心，采用“起点—圆心—终点”的方式绘制反弧段。

（5）挑角及挑坎的绘制。

采用“起点—圆心—角度”的方式绘制挑坎。

命令：_arc

指定圆弧的起点或［圆心（C）］：（在屏幕上指定挑坎的起点）

指定圆弧的第二个点或［圆心（C）/端点（E）］：_c 指定圆弧的圆心：（在屏幕上指定挑坎的圆心）

指定圆弧的端点或［角度（A）/弦长（L）］：_a 指定包含角：25（输入挑坎的包含角，回车确认）

在挑坎末端沿与垂直方向呈 45°夹角的方向绘制一段 1～2m 的直线后，再绘制垂直线与建基面相交，以避免挑坎末端形成锐角构造，如图 3-18 所示。

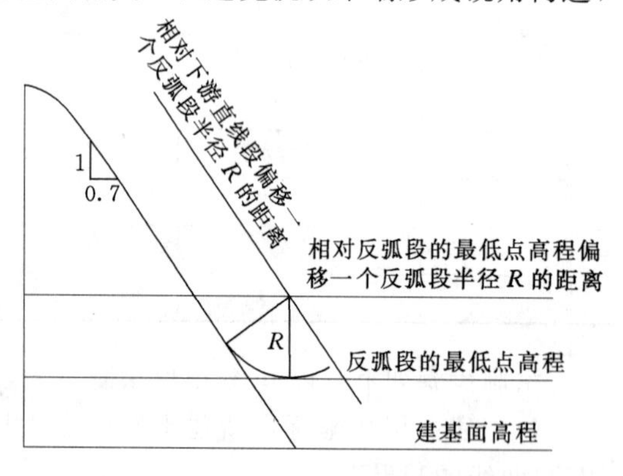

图 3-17　下游直线段和反弧段绘制示意图

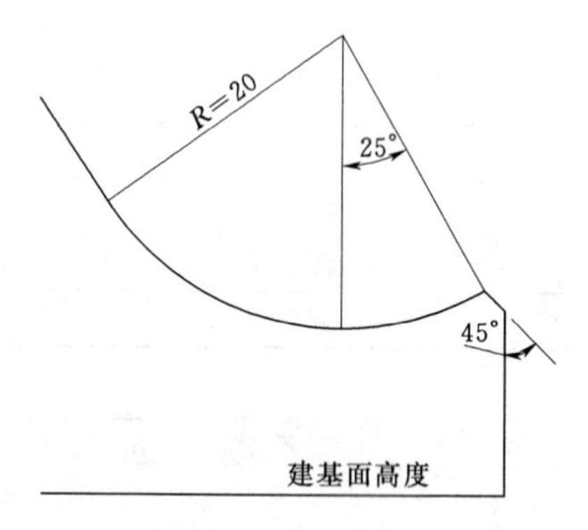

图 3-18　挑坎末端构造示意图

（6）绘制上游 1/4 椭圆曲线。

先根据椭圆的长半轴和短半轴半径绘制出整个椭圆。

命令：_ellipse

指定椭圆的轴端点或［圆弧（A）/中心点（C）］：_c（选择椭圆中心方式绘制）

指定椭圆的中心点：FRO（采用“捕捉自”方式在屏幕上找椭圆中心）

基点：0，0（以用户坐标原点，即堰顶 WES 曲线的起点为基点）

基点：<偏移>：@0，－4（椭圆中心与用户坐标原点偏移：0，－4）

指定轴的端点：6（沿 X 轴方向，在文本窗口输入 6，回车确认，完成椭圆的绘制）

完成椭圆的绘制后，再通过“修剪”工具，得到上游 1/4 椭圆曲线，如图 3-19（a）所示。

（7）溢流坝剖面上游面的绘制应考虑与非溢流坝剖面的配合。

重力坝剖面设计时，首先应拟定非溢流重力坝剖面尺寸，包括非溢流重力坝剖面的高度、上下游边坡、坝顶的宽度等，并通过坝体的应力和稳定分析进行修正确定。非溢流重力坝剖面尺寸确定后，再进行溢流重力坝剖面设计。

溢流坝重力剖面下游的 WES 曲线与非溢流重力坝剖面在 C 点相切，C 点的斜率等于非溢流重力坝剖面的下游坡率 m，即溢流重力坝剖面下游直线段的斜率，一般与非溢流重力坝剖面下游坝坡相同。当溢流重力坝的溢流面曲线宽度超出非溢流重力坝剖面时，可将溢流重力坝的上游做成倒悬的堰顶，即要满足溢流面曲线的要求，又要满足通过坝体的应力和稳定分析后，确定的非溢流重力坝剖面的底宽要求，如图 3-19（b）所示；或直接做成垂直的上游面，如图 3-19（c）所示，本例题作为绘图练习，两种处理方式都可以。

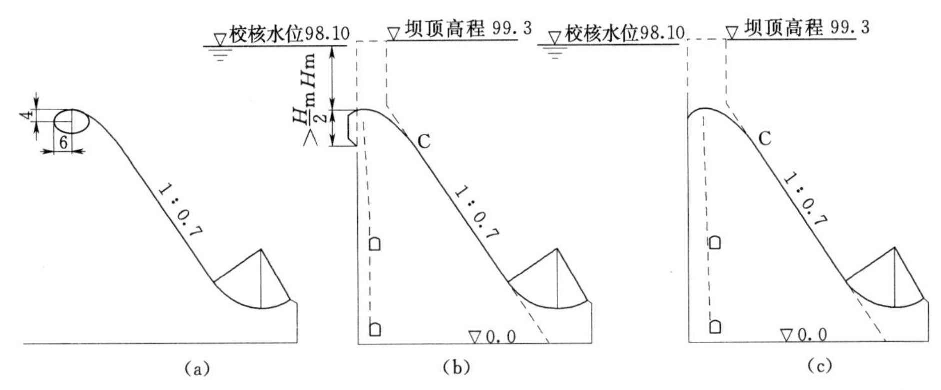

图 3-19　溢流坝剖面与非溢流重力坝剖面配合（虚线表示非溢流重力坝剖面）

（8）溢流重力坝坝顶上的构造布置。

首先需要了解溢流重力坝坝顶上的构造要求：

1）工作闸门一般布置在堰顶稍向下游的部位；检修闸门与工作闸门之间的距离一般为 2m 左右，以便于闸门及启闭设备的检修。

2）工作闸门顶部高程为正常水位＋超高（1.0～1.5m）；工作闸门开启后的底缘高程及工作闸门支绞的高程，应高于校核水位泄水时的水面线，使得闸门吊起后的最低点与溢流水面线保持足够距离，以保证校核水位泄水时为自由泄流，并使漂浮物能畅通排泄；门式启闭机的高度应为检修闸门的高度＋超高（1.0～1.5m），便于检修闸门能脱槽使用和检修，如图 3-20 所示。

3）闸墩的作用是分隔闸孔、承受传递水压力、支承闸墩上部结构重量。闸墩平面形式，应使水流平顺，减少孔口水流的侧收缩，因此闸墩上游头部一般采用尖圆形，下游头部也可采用尖圆形或半圆形。闸墩的长度为在满足溢流坝顶上的构造要求，如交通桥、工作桥及启闭设备的布置情况下，尽可能使结构布置紧凑，如图 3-21 所示。

闸墩上游尖圆段部分的画法：

命令：cal

≫表达式：1.708*4（计算尖圆段部分的半径）

6.832（文本窗口显示计算结果）

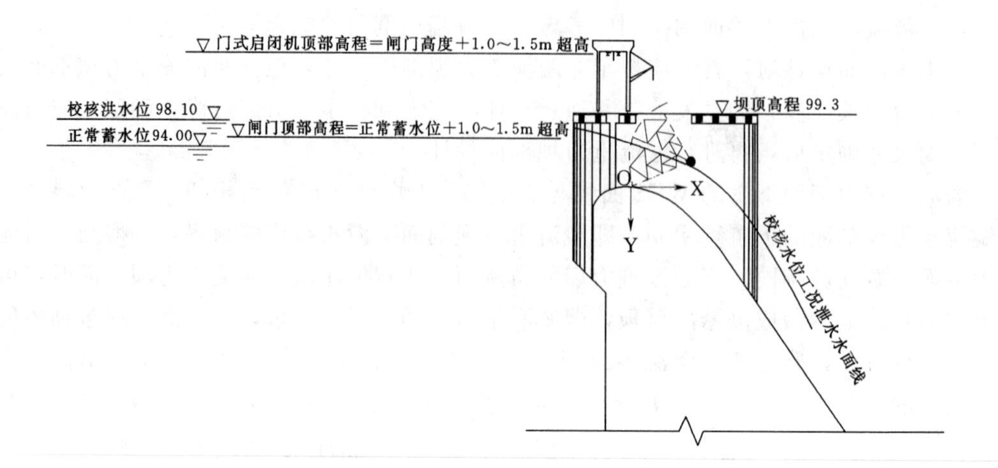

图 3-20　重力坝坝顶上的构造要求

命令：_arc

指定圆弧的起点或［圆心（C）］：（在屏幕上指定尖圆段部分圆弧的起点）

指定圆弧的圆心：fro（采用："fro" 命令，捕捉圆弧的圆心）

基点：<偏移>：@0，－6.832（以圆弧的起点为基点，输入圆弧的圆心与基点的相对距离，回车确认，捕捉到圆弧的圆心）

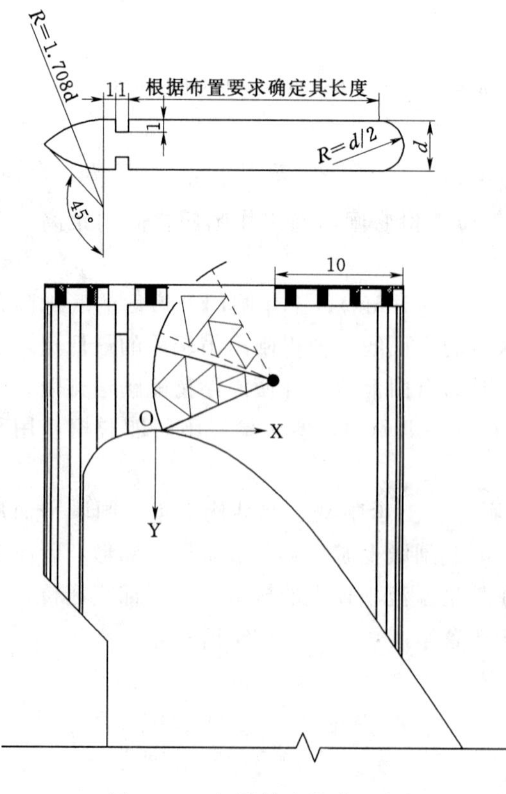

图 3-21　闸墩构造设计示意图

指定圆弧的端点或［角度（A）/弦长（L）］：_a

指定包含角：45（输入圆弧的包含角，回车确认）

命令：_mirror（采用"镜像"（mirror）命令完成尖圆段部分的绘制）

选择对象：找到 1 个（选择前面所绘制的圆弧，回车确认）

指定镜像线的第一点：指定镜像线的第二点：（在屏幕上指定镜像轴线）

是否删除源对象？［是（Y）/否（N）］<N>：（回车确认，完成尖圆段部分的绘制）

在闸墩立面图上，上下游曲面部分，需要对应地绘制素线，以表现曲面部分的立体感，如图 3-21 所示。

（9）布置工作桥（一般宽为 3～5m）与交通桥（一般宽为 5～10m）。

工作桥与交通桥一般采用板梁结构形式，从横断面上看，即为 T 形梁结构，其结构尺寸可参考图 3-22。

（10）溢流重力坝剖面的细部构造。

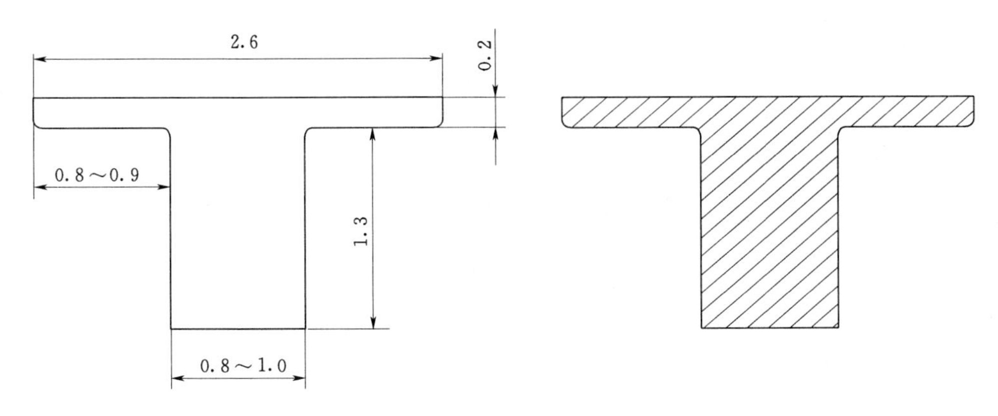

图 3-22　板梁结构的尺寸（单位：m）

1）边墩及导墙的布置。

在溢流重力坝两侧边缘与非溢流重力坝的连接处，需要布置边墩，边墩的作用是分隔溢流坝段和非溢流坝段。导墙是边墩向下游的延续，导墙一般布置在溢流坝两侧边缘与非溢流坝（水电站）的连接处，用于分隔下泄水流与坝后电站的出水水流。采用挑流消能时，导墙延伸至与鼻坎末端部齐平；采用底流消能时，导墙延伸至消力池护坦末端。导墙的高度应高出掺气后的溢流水面以上 1.0～1.5m，如图 3-23 所示。

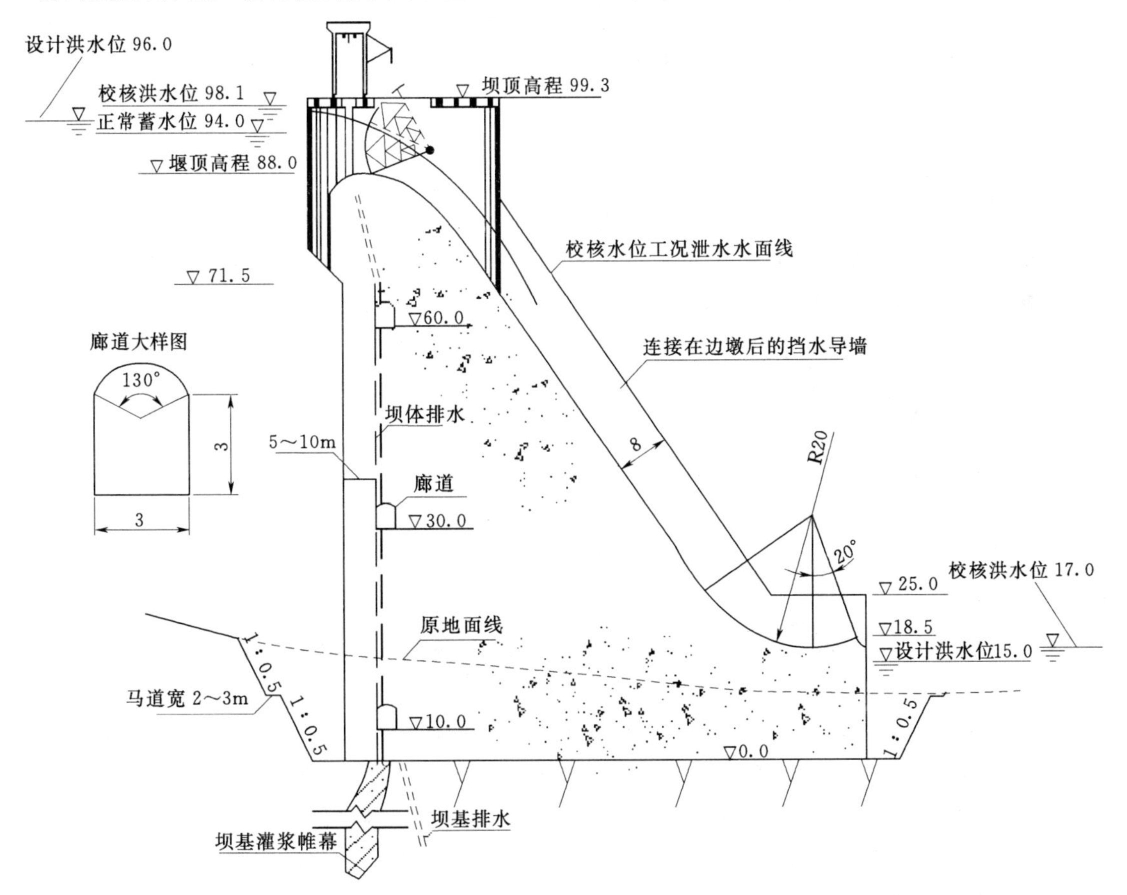

图 3-23　溢流重力坝剖面的细部构造

2）坝体排水及廊道系统的布置。

坝体、坝基防渗排水设施的布置是保证重力坝安全稳定的重要构造措施，坝体排水管的作用是减少渗水对坝体的危害。坝体排水管沿坝轴线方向设置，布置在坝体靠上游侧，自左岸到右岸形成坝体排水幕。其间距是每隔 2～3m 布置一根排水管，离上游坝面距离为$\left(\frac{1}{10}\sim\frac{1}{20}\right)$坝前水深，以防止渗水溶滤作用，如图 3－23 所示。

重力坝内的廊道系统有纵向廊道（平行坝轴线）和横向廊道（垂直坝轴线）两种。在坝内设置的廊道系统用于基础灌浆、排水、观测、检查、交通等，廊道的断面形式一般为城门洞型。纵向廊道沿坝高每隔 15～20m 高度左右设置一层，便于检查巡视和设置其他设施，如图 3－23 所示。

3）帷幕灌浆和坝基排水。

帷幕灌浆是在坝踵附近钻孔，进行深层高压灌浆，充填地基中的裂隙和渗水通道，形成一道连续的混凝土地下墙，其作用是减少坝底渗透水压力，降低坝底渗流坡降。设置坝基排水的目的是进一步降低坝底渗透压力，坝基排水是通过在灌浆廊道下游侧沿坝轴线方向钻设排水孔，形成一排排水幕，如图 3－23 所示。

4）开挖线的绘制。

在建造大坝时，首先要进行坝基的开挖，即挖出覆盖层及风化破碎的岩石，使大坝建在新鲜或微风化基岩上。开挖深度应根据大坝的工程等级、坝高和基岩条件确定。

岩石的开挖边坡一般为 1∶0.3～1∶0.7，并且每隔 5～10m 的高度可以设置一级水平的马道，以保证开挖边坡的稳定性，如图 3－23 所示。

溢流重力坝剖面的细部构造设计，需要有一定水工建筑物设计的专业知识。本例题作为练习，当用户没有进入水工建筑物设计的专业知识学习之前，可以先参照附图 2 绘制。

例 12：绘制拱坝平面布置图。

某拱坝的坝址处地形图及河谷断面如图 3－24 所示，坝址为 V 形河谷，河床段建基面高程为 95.0m，初步确定坝顶高程为 235.0m，拱圈为圆弧轴线形式，拱冠梁剖面如图 3－25所示，顶部厚度 $T_C=10$m，底部厚度 $T_B=40$m。

绘图要求：

（1）按 5 层水平拱圈进行拱坝的平面布置。

（2）绘出基岩开挖线。

拱坝的平面布置是水工结构工程专业领域的一项重要设计工作，因此首先需要做以下几点说明：

（1）拱坝平面布置的任务是根据拟定的拱冠梁剖面和拱圈的轴线形式，通过平面布置，确定各高程上拱圈的半径 R、中心角 Φ（或半中心角 Φ_A）和厚度 T 等设计参数。

（2）拱坝的平面布置是反复调整、修改的过程。即便是有经验的工程师，也不能一次完成拱坝的平面布置，一次确定各高程上拱圈的半径 R、中心角 Φ（或半中心角 Φ_A）和厚度 T 等设计参数。拱坝的平面布置是一个需要反复调整、修改各高程上拱圈的圆心位置、半径 R、中心角 Φ 的过程，直至满足拱坝设计规范的要求，达到拱坝的优化设计。

（3）拱坝的平面布置应尽可能使坝体左右对称布置，以避免产生附加扭转矩。但天然河谷总会存在着不对称性，所以在拱坝的平面布置时，难以避免存在着局部的左右不对称的布置情况。

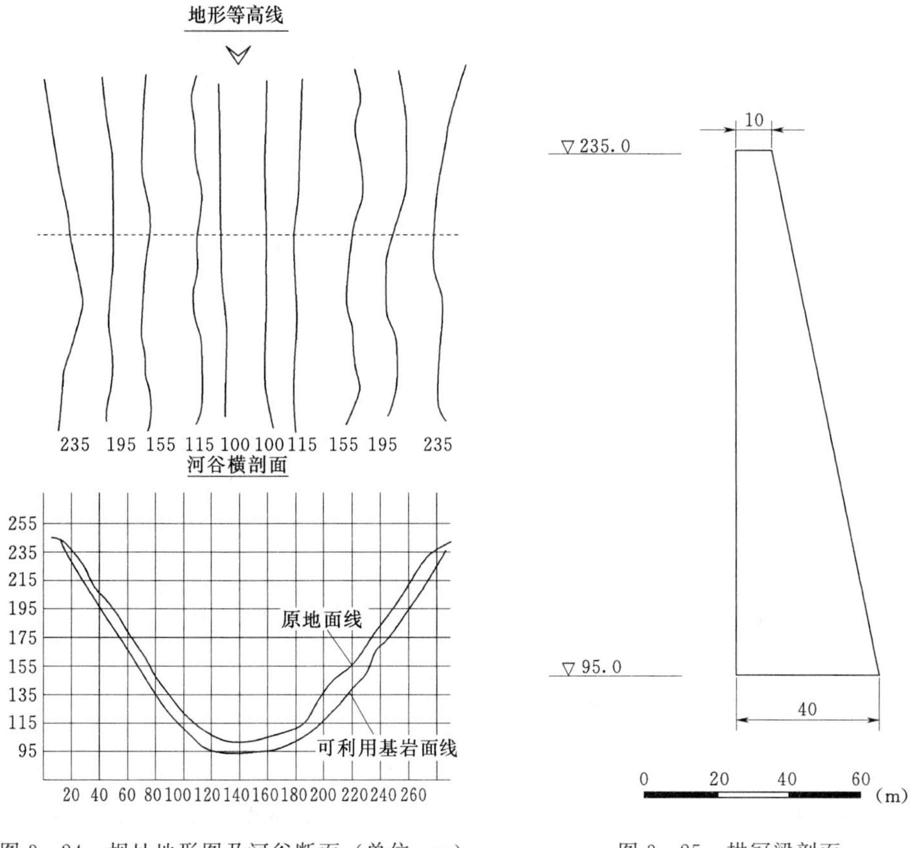

图 3-24　坝址地形图及河谷断面（单位：m）　　　　图 3-25　拱冠梁剖面

绘制步骤如下：

(1) 确定开挖后的基岩可利用等高线及河谷对称中心线。

天然的河谷需要经过开挖，即挖出坝址处原地面的覆盖层及风化破碎的岩石，才能建造大坝。因此首先需要在坝址地形图上，根据坝址处河谷横剖面图上可利用基岩面，确定开挖后的基岩可利用等高线及河谷对称中心线，拱坝应布置在开挖后的基岩可利用等高线上。

实际工程中，在坝址处需要给出多个河谷横剖面及相应位置的可利用基岩面，以便于确定开挖后的基岩可利用等高线。本例题作为练习，假设该坝址处上下游河谷横剖面基本相同，即认为开挖后的基岩可利用等高线与原地面等高线的走势基本相同，按照这样的原则，如图 3-26 所示，实线为原地面等高线，虚线为开挖后的基岩可利用等高线。开挖后的基岩可利用等高线与原地面等高线移动的相对水平距离如图 3-26 所示。

注意：如图 3-26 所示，开挖后基岩可利用等高线的范围是初步假设的，实际的开挖范围是需要在确定了坝基面后，再根据施工、岩体状况等确定大坝基坑的开挖边界线，开挖边界线内即为开挖范围。

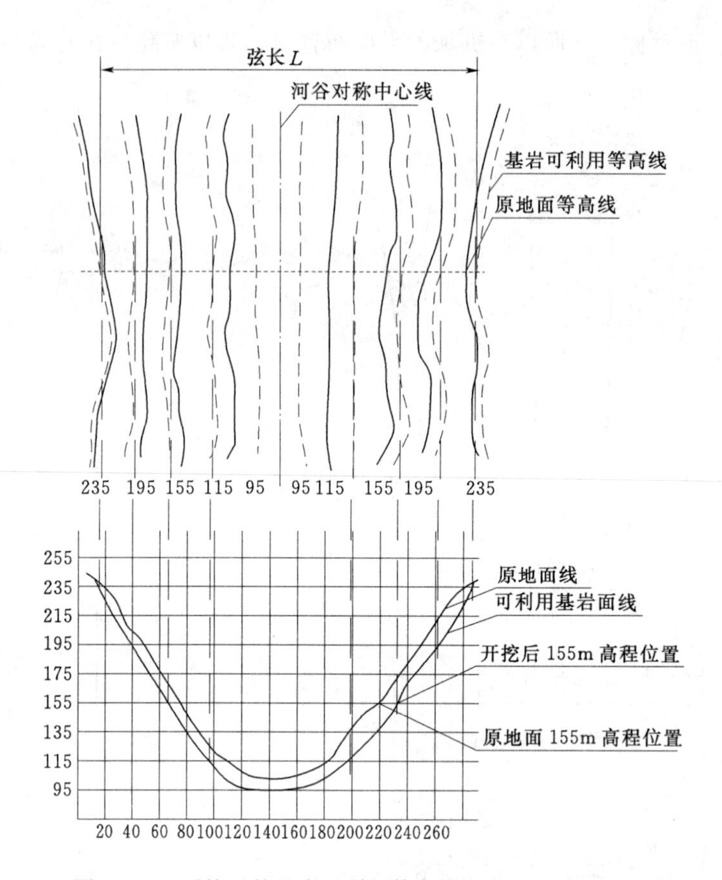

图3-26　开挖后的基岩可利用等高线示意图（单位：m）

确定河谷对称中心线的位置时，尽可能使左右两侧相应高程等高线，到河谷对称中心线的水平距离相等。

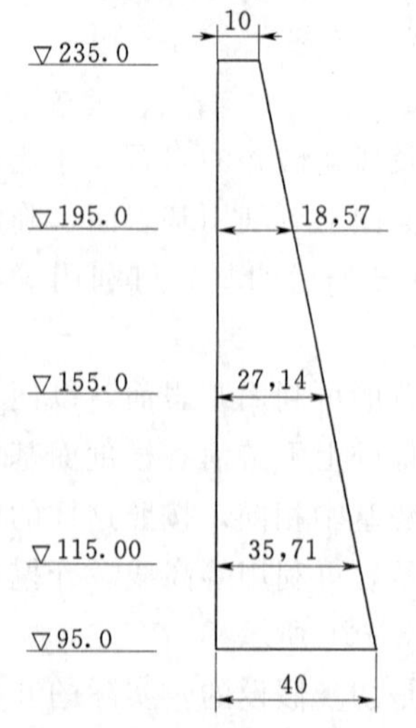

图3-27　拱冠梁剖面分层及各层拱圈的参数（单位：m）

（2）确定拱冠梁剖面的有关参数。

根据给定的地形等高线，对拱冠梁剖面进行分层，确定各层拱圈的高程及厚度，如图3-27所示。

（3）布置顶层拱圈。

顶层拱圈的布置过程是：首先选择半中心角Φ_A，再在已绘制出基岩可利用等高线的图如图3-26所示上，量出初步拟定的坝轴线位置的顶拱内弧弦长L，即为左右河谷在坝顶高程235.0m处的直线距离，用于初步确定顶拱内弧半径和圆心位置等设计参数。

顶拱内弧半径：　　$R_{内}=(L/2)/\sin\Phi_A$

顶拱外弧半径：　　$R_{外}=R_{内}+T_C$

式中　L——左右河谷在坝顶高程235.0m处的直线距离，m；

T_C——顶层拱圈（拱冠梁顶部）厚度，m；

Φ_A——顶层拱圈的半中心角，根据拱坝的设计要求，顶层拱圈的半中心角可在35°～55°范围内选取，一般顶层拱圈可偏大选取，本例题初步选择 $\Phi_A=50°$。

命令执行过程：

命令：'_dist（测量坝轴线位置的顶拱内弧弦长 L）

指定第一点：（指定左岸河谷在坝顶高程 235.0m 处，基岩可利用等高线与顶拱内弧弦长的交点）

指定第二点：（指定右岸河谷在坝顶高程 235.0m 处，基岩可利用等高线与顶拱内弧弦长的交点）

文本窗口出现提示：

距离＝269.465，XY 平面中的倾角＝0d0'，与 XY 平面的夹角＝0d0'

X 增量＝269.465，Y 增量＝0.000，Z 增量＝0.000

命令：cal（计算顶拱内弧半径）

≫表达式：269.465/2/sin（50）

175.881（系统计算顶拱内弧半径）

根据以上初步拟定的设计参数，选择："起点—终点—半径"的圆弧绘制工具，画出顶层拱圈内弧，检查圆心是否在拟定的河谷对称中心线上：

1）若圆心不在河谷对称中心线上，显然顶层拱圈不能用前面拟定的设计参数，以河谷对称中心线为依据进行左右对称布置，需要修改和调整初步拟定的设计参数。

2）修改和调整的方法，可以在该圆心附近的河谷对称中心线上，分别确定左、右内拱圈的圆心位置，分别绘制左右顶层拱圈，以保证顶层拱圈的弦长左右对称；也可以在该圆心附近的河谷对称中心线上，确定一个顶层拱圈的圆心位置，则顶层拱圈的弦长，不能以河谷对称中心线左右对称。为简单说明布置方法，本例题采用后一种方法进行顶层拱圈的布置，如图 3-28 所示。

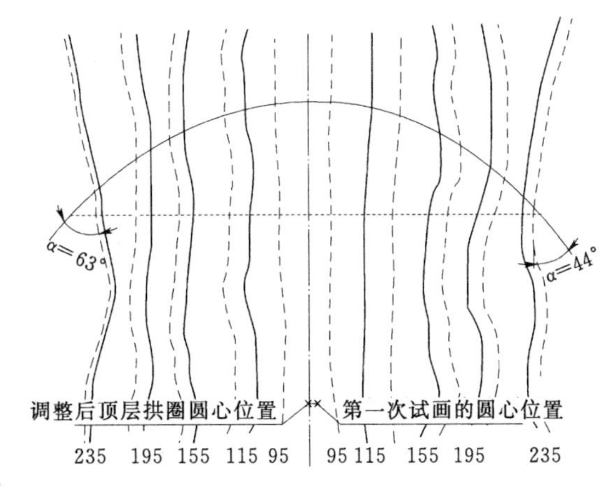

图 3-28　调整后顶层拱圈的圆心位置

3）以左岸河谷在坝顶高程 235.0m 处，基岩可利用等高线与顶拱内弧弦长的交点为"起点"，初步确定中心角 $2\Phi_A=100°\sim110°$，采用"圆心—起点—角度"的方式绘制顶层内拱圈，顶拱内弧右端，以交到右岸河谷在坝顶高程 235.0m 处的基岩可利用等高线为准，最后以测量的实际中心角为最终设计参数。

4）外拱圈应用"偏移"工具绘制。

命令执行过程：

命令：_offset

指定偏移距离或［通过（T）］<0.000>：10（输入顶拱圈厚度）

选择要偏移的对象或<退出>：（选择内拱圈弧线）

指定点以确定偏移所在一侧：(选择左内拱圈上游方向一点)

将内拱圈和外拱圈的左右端点用直线连接，完成顶层拱圈绘制。还需要检查拱轴线与基岩等高线的交角 α，如图 3－27 所示，要求 $\alpha \geqslant 30°$，以满足坝肩的稳定性。

(4) 布置其他各层拱圈。

进行其他各层拱圈的布置时，首先在河谷对称中心线上，假定各层拱圈圆心位置，再根据各层拱圈的厚度，画出相应拱圈，测量出相应半径和半中心角 Φ_A，并需要检查各层拱轴线与相应等高线的交角 α，要求 $\alpha \geqslant 30°$。

1) 根据各层拱圈的厚度，确定其他各层拱圈的内拱圈在河谷对称中心线上的位置。

其他各层拱圈的内拱圈在河谷对称中心线上交点的位置，可以根据各层拱圈的厚度，以及各层拱圈的内拱圈在拱冠处和顶层拱圈在拱冠处的相对位置来确定。

选择绘制"点"命令，将起始点置于顶层拱圈的外拱圈与河谷对称中心线的交点上，开启状态行中的"极轴"、"对象捕捉"、"对象追踪"选项，为其他各层拱圈的内拱圈在河谷对称中心线上交点的位置定位，如图 3－28 所示。命令执行过程：

命令：_point

当前点模式：PDMODE=3　PDSIZE=3.000

指定点：40.00 (输入底层拱圈的厚度，为底层拱圈的内拱圈在河谷对称中心线上的位置定位)

命令：_point

当前点模式：PDMODE=3　PDSIZE=3.000

指定点：35.71 (输入第四层拱圈的厚度，为第四层拱圈的内拱圈在河谷对称中心线上的位置定位)

命令：_point

当前点模式：PDMODE=3　PDSIZE=3.000

指定点：27.14 (输入第三层拱圈的厚度，为第三层拱圈的内拱圈在河谷对称中心线上的位置定位)

命令：_point

当前点模式：PDMODE=3　PDSIZE=3.000

指定点：18.57 (输入第二层拱圈的厚度，为第二层拱圈的内拱圈在河谷对称中心线上的位置定位)

在命令执行过程中，右手拖动鼠标以确定点移动的方向（为竖直向下的方向），借助定位辅助线进行定位，如图 3－29 所示中"点追踪示意图"。

2) 在河谷对称中心线上，假定各层拱圈圆心位置。

为保证底层拱圈的半中心角 Φ_A 不至于太小，首先通过试画，确定底层拱圈的圆心位置，中间各层拱圈圆心位置在底层拱圈和顶层拱圈的圆心位置之间，如图 3－29 所示。

3) 绘制其他各层拱圈。

绘制其他各层拱圈时，首先绘制内拱圈。每层内拱圈圆弧上有两个确定的点：圆心点和内拱圈在河谷对称中心线上的点，选择"两点画圆"的工具，绘制相应的圆，根据内拱圈圆弧的端点要交到相应等高线上的原则，以每层基岩可利用等高线为边界，将多余圆弧修剪掉，余下即为内拱圈圆弧。

外拱圈圆弧的绘制同样应用"偏移"工具完成，如图 3－30 所示。

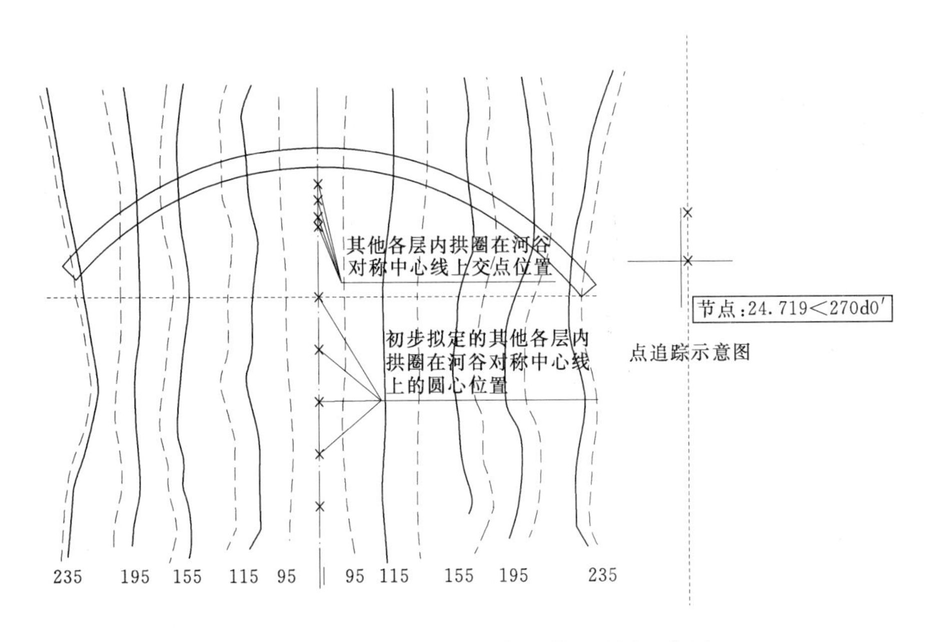

图 3-29 初步拟定的其他各层拱圈的圆心位置

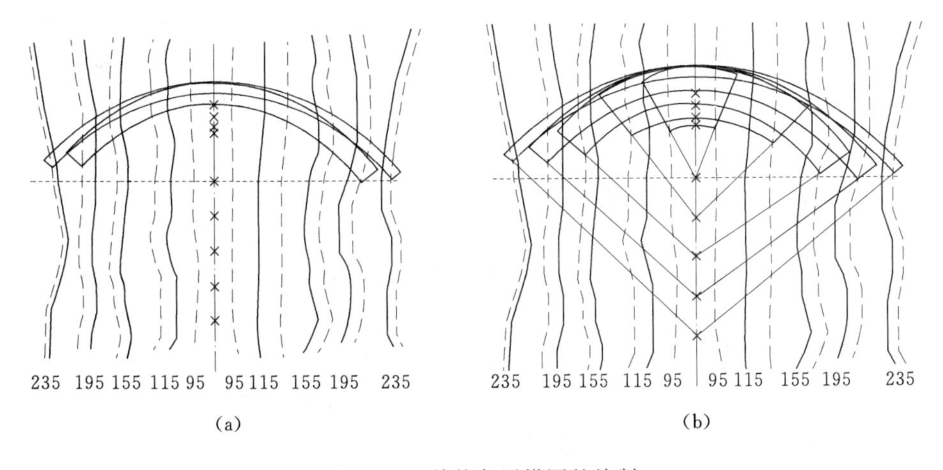

图 3-30 其他各层拱圈的绘制

4）检查各层的拱轴线与基岩等高线的交角 α 是否满足要求。

(5）将各层拱圈的外拱圈圆弧的端点和内拱圈圆弧的端点分别相连，形成坝基面如图 3-31 所示。

(6）坝面检查。

各层拱圈布置完毕后，需要进行坝面检查，看坝面是否平顺、光滑。坝面检查的主要标准之一为：拱冠梁处的圆心轨迹线应平顺、光滑。

如图 3-32 所示拱冠梁处的圆心轨迹线平顺、光滑，坝面的平顺光滑度基本满足要求。

(7）绘制开挖边界线。

开挖边界线，即大坝在浇筑前的基坑开挖边界线，也就是前面提到的基岩可利用等高线的开挖范围。

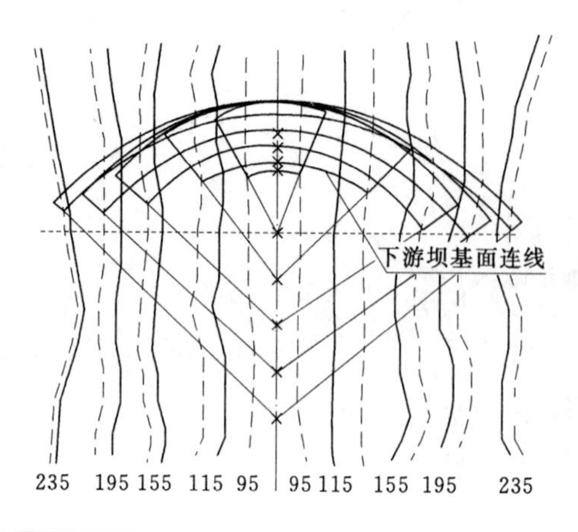

图 3-31 坝基面示意图

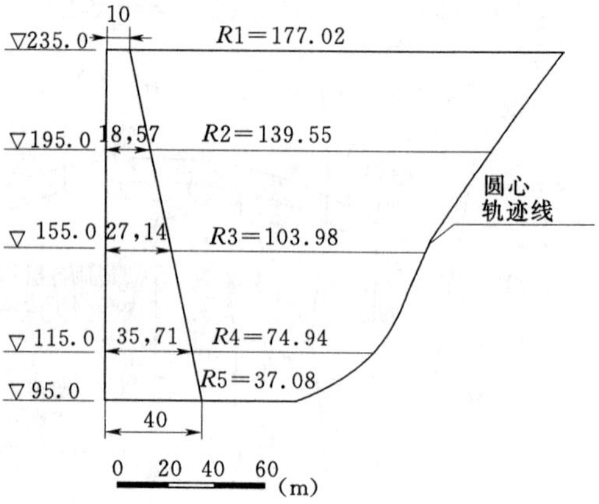

图 3-32 拱冠梁处的圆心轨迹线

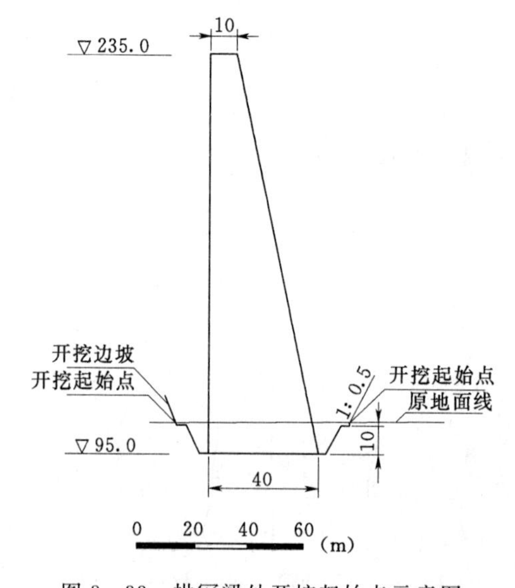

图 3-33 拱冠梁处开挖起始点示意图

确定开挖边界线，首先要确定边坡开挖的坡比以及形式，本例题按 1：0.5 的坡比开挖，为维持边坡的稳定，10m 垂直边坡高度设置一级马道，马道宽 2m，如图 3-33 所示。

如图 3-33 所示为拱冠梁处剖面开挖示意图，剖面处的原地面线与开挖边坡的交点，到坝基面的水平距离为该处的开挖起点。沿拱坝的平面布置图绘制若干剖面，并绘制相应剖面处的原地面线，同样各剖面处的原地面线与开挖的边坡的交点，到坝基面的水平距离为该处的开挖起点，将各剖面处开挖起点连接起来即为基岩开挖边界线，如图 3-34 所示。基岩开挖边界线外仍为原地面等高线。

（8）拱坝平面布置图的标注。

在拱坝平面布置图标注出各层拱圈的半径和半中心角，如图 3-34 所示。

（9）调整和修改拱坝的尺寸参数。

通过拱坝平面布置，得到了各层拱圈的半径、半中心角及厚度等拱坝的设计参数。根据所拟定的设计参数，就可以进行拱坝的应力及稳定计算。通过对计算结果的分析和根据设计规范的要求，需要进一步调整、修改拱坝的设计参数，从而达到优化拱坝的设计参数的目的。

例 13：绘制非溢流重力坝剖面图（如图 3-35 或附图 3 所示）。

绘制步骤如下：（以 m 为单位绘制）

（1）坝体轮廓线中下游 1：0.75 斜坡的绘制。

绘制下游 1：0.75 斜坡时，首先在下游顶部竖直直线的下端，绘制一个竖直方向长 1，水平方向长 0.75（或竖直方向长 10，水平方向长 7.5）的直角三角形，将直角三角形的斜边向建基面高程的水平线延伸即可。

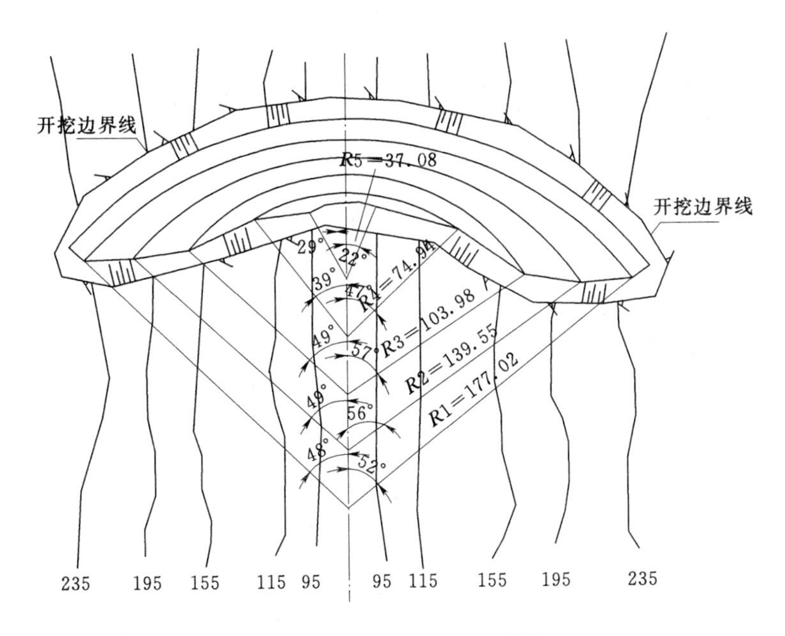

图 3-34　拱坝平面布置图（单位：m）

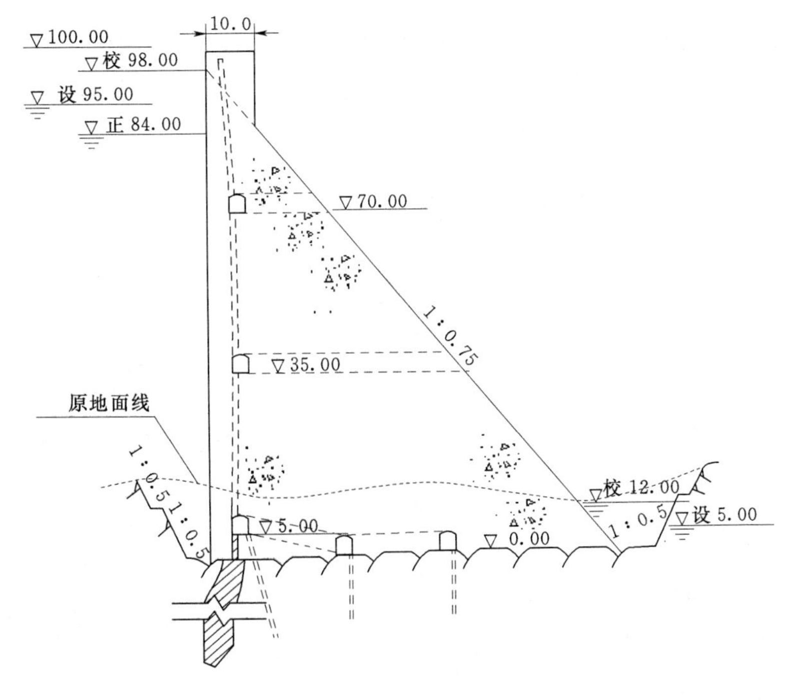

图 3-35　非溢流重力坝剖面图

（2）水位及高程等符号的绘制和定位。

水位及高程等符号只需要绘制一个图形，其余采用复制的方式放置到相应位置，先需要用点进行各高程位置定位。定位的方法：选择绘制“点”命令，将起始点置于建基面高程上，开启状态行中的“极轴”、“对象捕捉”、“对象追踪”选项，利用定位辅助线为其他各高程的位置定位。

例如：正常蓄水位高程的位置定位时，命令执行过程：

命令：_ point（起始点置于建基面高程上）

当前点模式：PDMODE=3　PDSIZE=3.000

指定点：84.00（输入正常蓄水位高程，为正常蓄水位高程的位置定位）

在命令执行过程中，右手拖动鼠标以确定点移动的方向（为竖直向上的方向），如图 3-29 所示的“点追踪示意图”。

也可以采用“偏移”工具为各高程的位置定位。

（3）坝体排水设施距上游面的距离：（1/10～1/20）的坝前水深。

（4）廊道的大样图制作。

廊道的尺寸相对较小，在坝体剖面图上不能进行尺寸标注，需要制作大样图来表示廊道的结构。先按 1∶1 的比例绘制廊道图形，并进行尺寸标注，再将 1∶1 的比例绘制的廊道图形制作成图块，进行图块插入时，在“插入图块”对话框中的“缩放比例”组合框中，输入放大的比例，本例题中，廊道大样图放大的比例为 10，单击“确定”按钮，完成廊道的大样图制作，这样可以保持廊道在放大插入到当前图形文件中，尺寸标注不变。

（5）图框图块的制作和插入。

将所绘制的图形在屏幕上放置好，再将标准的 A3 或 A4 图框制作成图块，在插入图框图块时，适当调整“插入图块”对话框中，“缩放比例”组合框中的比例值，使得图框内不要留有太多的空白，达到图面布置饱满的要求。

第二节　三维图形绘制示例

例 1：绘制三维轴承图形（如图 3-36 所示）。

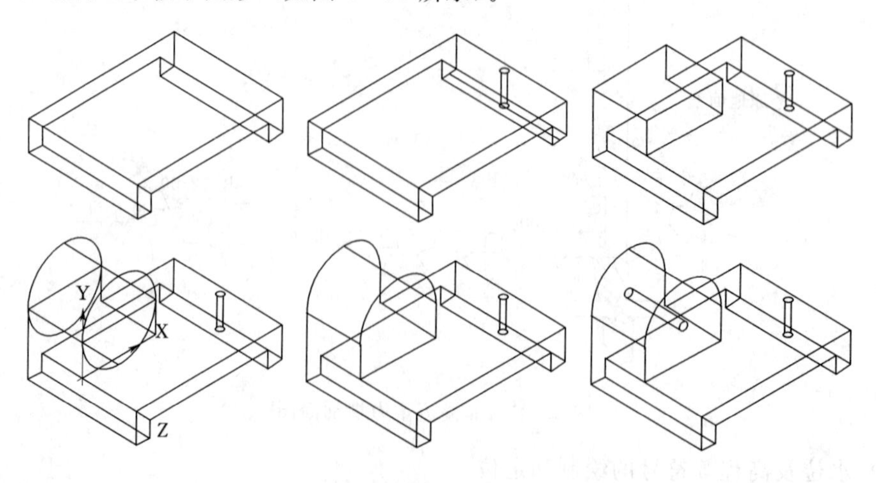

图 3-36　三维轴承图形绘制过程

该轴承由 6 个部件组成：

①轴承基座，长（X 方向）：200，宽（Y 方向）：150，高（Z 方向）：20。

②基座柱脚，长（X方向）：20，宽（Y方向）：150，高（Z方向）：20。

③右基座圆孔，半径（R）：5，高（Z方向）：40。

④基座上部结构中的立方体，长（X方向）：100，宽（Y方向）：75，高（Z方向）：40。

⑤基座上部结构中半圆体，半径（R）：50，高（Z方向）：75。

⑥基座上部结构中的圆孔，半径（R）：5，高（Z方向）：75。

绘制步骤如下：

（1）绘制轴承基座。

在默认的世界坐标下，选择“方体”工具，在屏幕上确定轴承基座一个角点，依次输入长（X方向）：200，宽（Y方向）：150，高（Z方向）：20。命令执行过程：

命令：_box（绘制轴承基座）

指定长方体的角点或［中心点（CE）］<0，0，0>：

指定角点或［立方体（C）/长度（L）］：L

指定长度：200

指定宽度：150

指定高度：20（回车确认，完成“方体”的绘制）

完成“方体”绘制后，选择下拉菜单中的“视图”→“三维视图”→“西南等轴测（S）”，改变视图方向，以便进行后面图形的绘制。

（2）绘制基座柱脚。

选择“方体”工具，以轴承基座左下角点为方体柱脚的角点，依次输入长（X方向）：20，宽（Y方向）：150，高（Z方向）：－20，绘制出一个柱脚，选择“复制”工具，将绘制出柱脚复制到轴承基座的另一端。命令执行过程：

命令：_box（绘制基座柱脚）

指定长方体的角点或［中心点（CE）］<0，0，0>：

指定角点或［立方体（C）/长度（L）］：L

指定长度：20

指定宽度：150

指定高度：－20（回车确认，完成一个柱脚的绘制）

命令：_copy

选择对象：找到1个（选择绘制好的柱脚，复制到轴承基座的另一端，回车确认）

（3）选择“并集”工具，将基座和两个柱脚合并为一个整体。

命令执行过程：

命令：_union（基座和两个柱脚合并）

选择对象：找到1个

选择对象：找到1个，总计2个

选择对象：找到1个，总计3个（回车确认，完成“并集”操作）

(4) 在基座上打孔。

在右柱脚底部作辅助线，以此确定右基座上圆孔的圆心点位置，选择“圆柱体”工具，绘制半径（R)：5，高（Z 方向)：40 的圆孔，再选择“差集”工具，将其合并为一个整体。

命令执行过程：

命令：_ line

指定第一点：(绘制辅助线)

指定下一点或 [放弃 (U)]：(在柱脚下面绘制一条辅助线)

命令：_ cylinder（绘制圆孔）

当前线框密度：ISOLINES=4

指定圆柱体底面的中心点或 [椭圆 (E)] <0，0，0>（在辅助线上指定圆柱体底面的中心点）

指定圆柱体底面的半径或 [直径 (D)]：5

指定圆柱体高度或 [另一个圆心 (C)]：40（完成圆孔的绘制）

命令：_ subtract 选择要从中减去的实体或面域…

选择对象：找到 1 个（选择要从中减去的实体，回车确认）

选择要减去的实体或面域…

选择对象：找到 1 个（选择要减去的实体，回车确认）

(5) 绘制基座上部结构中的立方体。

选择“方体”工具，以基座左边后端的角点为上部方体的起始角点，依次输入长（X 方向)：100，宽（Y 方向)：－75，高（Z 方向)：40，再选择“并集”工具，将其合并为一个整体。命令执行过程：

命令：_ box（绘制基座上部结构中的立方体）

指定长方体的角点或 [中心点 (CE)] <0，0，0>：(指定基座左边后端的角点为上部方体的起始角点）

指定角点或 [立方体 (C) /长度 (L)]：L

指定长度：100

指定宽度：－75

指定高度：40（完成基座上部结构中的立方体的绘制）

命令：_ union（将基座和上部结构中的立方体合并）

选择对象：找到 1 个

选择对象：找到 1 个，总计 2 个（回车确认，完成基座和上部结构中的立方体合并）

(6) 绘制基座上部结构中半圆体。

绘制基座上部结构中半圆体时，需要进行坐标变换，将 XY 平面变换到基座上部结构中的立方体的正面上来。选择“三点（3point）坐标变换”选项，以基座上部结构中的立方体的正面为 XY 平面，建立用户坐标系，以上部立方体正面上的前端中点为圆心，绘制圆柱体，半径（R)：50，高（Z 方向)：－75，再选择“并集”工具，将其合并为一个整体。命令执行过程：

命令：UCS（坐标变换）

当前 UCS 名称：*世界*

输入选项

[新建（N）/移动（M）/正交（G）/上一个（P）/恢复（R）/保存（S）/删除（D）/应用（A）/?/世界（W）]

<世界>：N

指定新 UCS 的原点或 [Z 轴（ZA）/三点（3）/对象（OB）/面（F）/视图（V）/X/Y/Z] <0，0，0>：3（选择“三点（3）”建立用户坐标的方式）

指定新原点<0，0，0>：（指定上部结构中的立方体左下角点为新坐标原点）

在正 X 轴范围上指定点<441.4565，－321.0531，20.0000>：（指定 X 轴正向上一点）

在 UCS XY 平面的正 Y 轴范围上指定点<440.4565，－320.0531，20.0000>：（指定 Y 轴正向上一点，回车确认）

命令：_cylinder（绘制圆柱体）

当前线框密度：ISOLINES=4

指定圆柱体底面的中心点或 [椭圆（E）] <0，0，0>：（指定上部结构中的立方体前端上边的中点圆柱体底面的中心点）

指定圆柱体底面的半径或 [直径（D）]：50

指定圆柱体高度或 [另一个圆心（C）]：－75（完成圆柱体的绘制）

命令：_union（将下部结构和圆柱体合并）

选择对象：找到 1 个

选择对象：找到 1 个，总计 2 个（回车确认，完成“并集”工作）

（7）绘制基座上部结构的圆孔。

在基座上部结构中半圆体上作辅助线，定位圆孔中点。绘制圆柱体，半径（R）：25，高（Z 方向）：－75，再选择“差集”工具，将其合并为一个整体。命令执行过程：

命令：_cylinder（绘制上部结构的圆孔）

当前线框密度：ISOLINES=4

指定圆柱体底面的中心点或 [椭圆（E）] <0，0，0>：（指定圆柱体底面的中心点）

指定圆柱体底面的半径或 [直径（D）]：5

指定圆柱体高度或 [另一个圆心（C）]：－75（完成圆孔的绘制）

命令：_subtract 选择要从中减去的实体或面域…

选择对象：找到 1 个（选择要从中减去的实体）

选择要减去的实体或面域…

选择对象：找到 1 个（选择要减去的实体，回车确认，完成“差集”编辑）

完成三维轴承图形的绘制。

例 2：非溢流重力坝的剖面如图 3－37（a）所示，沿坝轴线方向长 100m，试绘制非溢流重力坝的三维图形图 3－37（b）所示，并进行主要尺寸的标注。

分析：从非溢流重力坝的剖面，如图 3－37（a）所示中分析可知，非溢流重力坝的三维图形实际是由一个立方体和一个楔体组成，其尺寸分别为：

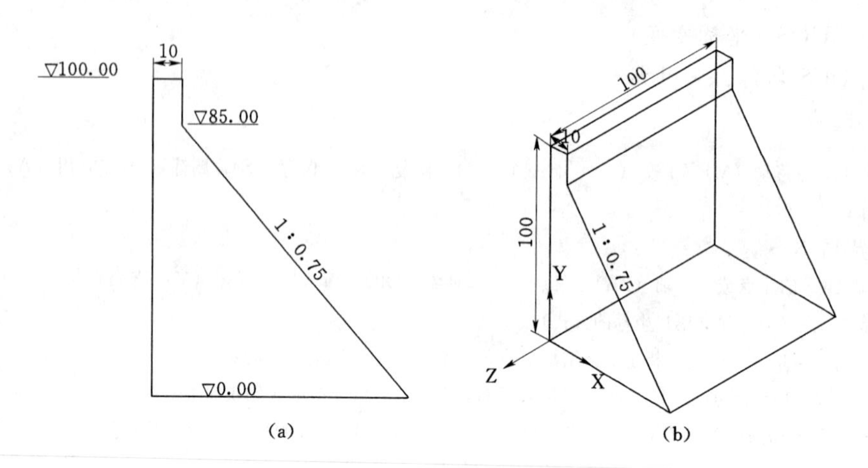

图 3-37 非溢流重力坝示例图（单位：m）

立方体长（L）：100m；宽（B）：10m；高（H）100m；

楔体长（L）：100m；宽（B）：63.75m；高（H）85m。

可以采用两种方法绘制非溢流重力坝三维图形。

方法一：

（1）首先在默认的世界坐标系下绘制立方体。

命令执行过程：

命令：_ box

指定长方体的角点或［中心点（CE）］<0，0，0>：（在屏幕上指定长方体的一个角点）
指定角点或［立方体（C）/长度（L）］：L
指定长度：100
指定宽度：10
指定高度：100

命令：_ －view 输入选项［？/正交（O）/删除（D）/恢复（R）/保存（S）/UCS（U）/窗口（W）］：_ swiso

（正在重生成西南轴测模型）

（2）建立新的用户坐标系，将默认的世界坐标系绕 Z 轴旋转－90°，再绘制楔体。

命令执行过程：

命令：UCS

当前 UCS 名称：＊世界＊
输入选项
［新建（N）/移动（M）/正交（G）/上一个（P）/恢复（R）/保存（S）/删除（D）/应用（A）/？/世界（W）］
<世界>：N
指定新 UCS 的原点或［Z 轴（ZA）/三点（3）/对象（OB）/面（F）/视图（V）/X/Y/Z］<0，0，0>：Z
指定绕 Z 轴的旋转角度<90>：－90

命令：_ wedge

指定楔体的第一个角点或［中心点（CE)］<0，0，0>：(指定长方体的左下角点为楔体的第一个角点)
指定角点或［立方体（C）/长度（L)］：L
指定长度：63.75（沿X方向尺寸)
指定宽度：100（沿Y方向尺寸)
指定高度：85（沿Z方向尺寸)

（3）将立方体和楔体合并。

命令执行过程：

命令：_union

选择对象：找到1个
选择对象：找到1个，总计2个（回车确认，完成立方体和楔体的合并)

（4）尺寸标注。

AutoCAD系统的尺寸标注只能在XOY平面上实现。因此在进行三维实体的尺寸标注时，需要变换UCS坐标系统，使得书写文本的方向为X轴正方向或Y轴正方向。

方法二：

（1）首先绘制非溢流重力坝的二维图形，如图3－37（a）所示。

（2）采用“面域”命令，将其非溢流重力坝的二维图形对象转化为面域。

（3）采用“拉伸”工具将其拉伸为三维图形。

例3：绘制正四面体桁架梁的基本结构图形，如图3－38所示。每条桁架梁的长度为400cm，桁架梁横断面为圆形，圆半径为R＝0.1m，各个桁架梁的起点和终点处作半径为0.2m的实体圆球，作为桁架梁在该点的焊点。

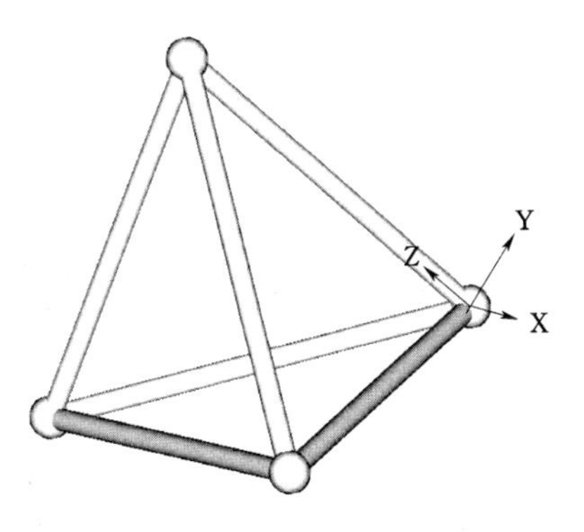

图3－38　正四面体桁架的基本结构

分析：要建造一根桁架梁，需要运用UCS用户坐标的使用技巧。在建造每一根桁架梁时，首先需要调整UCS用户坐标，使Z轴与建造的桁架梁的轴线对齐，然后在桁架梁的任一端点绘制桁架梁的圆形截面，选择“拉伸”命令，选择该截面，拉伸的长度路径为每根桁架梁的起点到终点，即完成一根桁架梁的绘制，再调整UCS用户坐标，使Z轴与下一根桁架梁的轴线对齐，再按上述方法进行下一根桁架梁的绘制。

绘制步骤如下（以cm为单位绘制)：

（1）绘制的一个平面正三角形草图，形成一个在世界（WCS）坐标系下的平面正三角形。

命令执行过程：

命令：_line

指定第一点：
指定下一点或［放弃（U)］：400（沿水平方向绘制一条400cm长的线段，回车确认)
指定下一点或［放弃（U)］：@400<120（回车确认)
指定下一点或［闭合（C）/放弃（U)］：(捕捉到第一条线的起点，回车确认)

(2) 绘制正四面体三维线框模型草图。

为绘制正四面体中的空间线段，首先要计算空间线段的长度在 XY 平面中的倾角、与 XY 平面的夹角、空间线段的长度在 XY 平面中投影长度和在 Z 轴方向的投影长度。该计算属于空间几何的内容，本例题在此不做详细的推导计算，直接采用计算的结果，如图 3-39 (a)所示。

首先绘制出正四面体中一条空间线段。该线段在 XY 平面上的投影与 X 轴夹角为 30°，投影的长度为 230.9cm；与 XY 平面的夹角为 55°，垂直长度为 327.2cm。捕捉 XY 平面上正三角的任意一个端点，输入空间线段的端点与正三角的任意一个端点的相对坐标，即得到正四面体中一条空间线段，如图 3-39 (a) 所示。

命令执行过程：

命令：_ line

指定第一点：(在屏幕上捕捉正三角形的一个角点)

指定下一点或 [放弃 (U)]：@230.9<30，327.2 (回车确认，完成正四面体中一条空间线段的绘制)

选择“直线”工具，应用端点捕捉功能完成剩下两条的空间线段的绘制，得到正四面体的线框架草图，如图 3-39 (b) 所示。

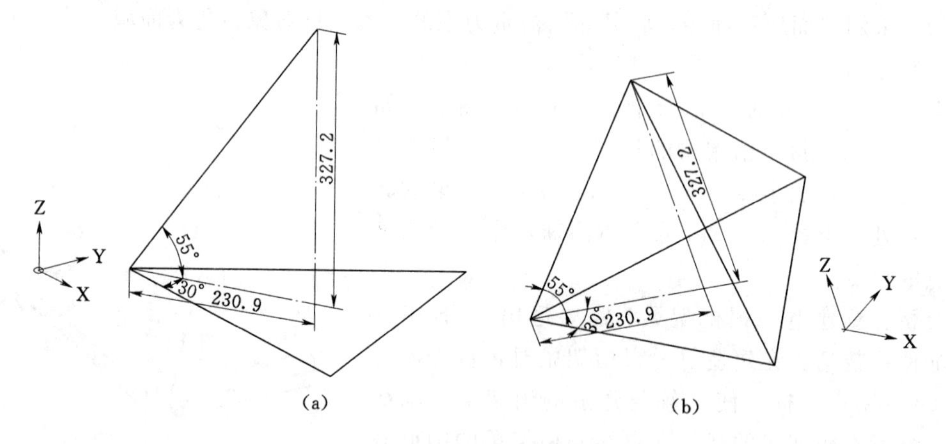

图 3-39 正四面体的绘制

(3) 绘制桁架梁。

1) 变换坐标系。

首先建立坐标系，使得 Z 轴方向平行于该条桁架梁。选择 UCS 工具条中选择“Z 轴矢量”选项，捕捉任意一条桁架的一个端点，定义为新建坐标系的原点，再捕捉该条桁架的另一个端点，定义新建坐标系中 Z 轴的正方向，使得 Z 轴方向平行于该条桁架梁。命令执行过程：

命令：UCS

当前 UCS 名称：* 世界 *

输入选项

[新建 (N) /移动 (M) /正交 (G) /上一个 (P) /恢复 (R) /保存 (S) /删除 (D) /应用 (A) /? /世界 (W)] <世界>：N

指定新 UCS 的原点或［Z 轴上（ZA）/三点（3）/对象（OB）/面（F）/视图（V）/X/Y/Z］<0，0，0>：ZA

指定新原点<0，0，0>：(在屏幕上指定一条桁架梁的端点)

在正 Z 轴范围上指定点<850.0099，944.0965，1.0000>：(在屏幕上指定该桁架梁的另一端点，回车确认)

2）绘制桁架梁。

在桁架梁轴线的端点处作圆半径为 R=0.1m，并将其拉伸为圆柱体。命令执行过程：

命令：_circle

指定圆的圆心或［三点（3P）/两点（2P）/相切、相切、半径（T）］：(捕捉该桁架梁的一个端点为圆的圆心)

指定圆的半径或［直径（D）］：0.1

选择“实体拉伸”命令。

命令：_extrude

文本窗口出现提示：

当前线框密度：ISOLINES=4

选择对象：(选择半径为 0.1m 圆)

指定拉伸高度或［路径（P）］：(捕捉桁架的一个端点为起点)

指定第二点：(捕捉任意桁架的另一个端点为终点)

指定拉伸的倾斜角度<0>：(不改变拉伸的倾斜角度，回车确认)

完成的一条桁架梁的绘制如图 3-40 所示。

也可以采用三维实体工具中“圆柱体”工具绘制。

(4）按照上述方法，分别绘制出各条桁架梁。

(5）绘制各桁架梁交点上的焊点

在各个桁架梁的起点和终点处作半径为 0.2m 的实体圆球，表示桁架梁在该点焊点，如图 3-38 所示。

例 4：某楼房房屋平面尺寸如图 3-41 所示。

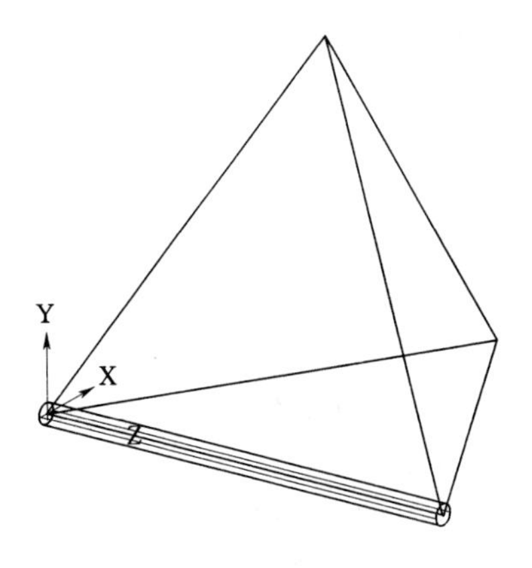

图 3-40　桁架梁的绘制

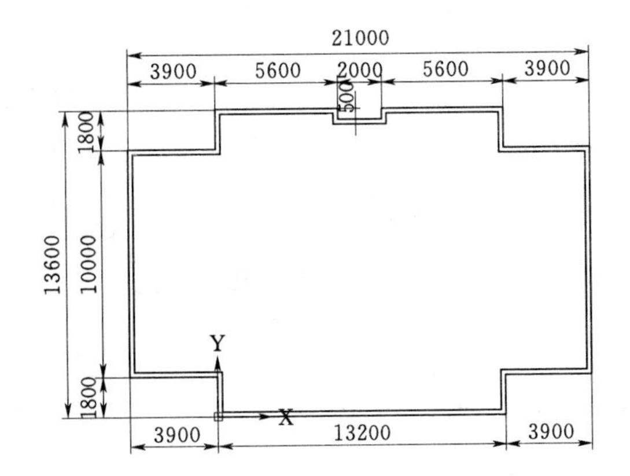

图 3-41　某楼房平面图（单位：mm）

基本设计资料：

（1）该楼房每层楼层高 2800mm，共四层，墙体厚 240mm；窗口尺寸 1200mm（高）×1800mm（宽）；门口尺寸 2000mm（高）×1200mm（宽）；阳台墙体高 1200mm，与墙体同厚；楼板和屋面板厚度 200mm，屋面顶围栏高 1200mm，厚 240mm。

（2）在 13200mm 长的前墙体上布置四个窗口，两端窗口离两端墙体边缘的距离 1500mm，四个窗口按平均间距放置，窗口间距 1000mm；在 5600mm 长的后墙体上各布置一个窗口，位于墙体中间；窗口底部到楼板距离 800mm。在 3900 长的前墙体上各布置一个门口，门口离左右端墙体边缘的距离 800mm。

试绘制房屋三维造型图，如附图-4 所示。

绘制步骤如下：

（1）设置图层。

设置平面图图层、三维墙体图层、门窗图层、楼板图层、房顶图层、屋顶围栏图层等。

（2）绘制墙体的平面图。

在平面图图层上，应用“多段线”工具，如图 3-41 所示尺寸，绘制房屋外墙平面尺寸，以便于应用“偏移”工具绘制内墙体线。完成外墙平面尺寸绘制后，选择命令：_offset，文本窗口出现提示：

指定偏移距离或［通过（T）］＜240.0000＞：

选择要偏移的对象或＜退出＞：（选择所绘制的外墙线）

指定点以确定偏移所在一侧：（外墙线中间拾取点，绘制出内墙体线）

注意：外墙线、内墙线绘制完毕后，可以另存成一个文件名，如“平面图”，以便用于绘制楼板、房顶和屋顶围栏。

（3）将内外墙体线拉伸为三维实体。

在三维墙体图层上，采用三维“拉伸”工具将外墙线、内墙线拉伸成三维实体。命令执行过程：

命令：_extrude

当前线框密度：ISOLINES=4

选择对象：找到 2 个（选择外墙线和内墙线）

指定拉伸高度或［路径（P）］：2800

指定拉伸的倾斜角度＜0＞：（回车确认，完成外墙线和内墙线的拉伸）

（4）采用“差集”工具，形成房屋三维初步造型。

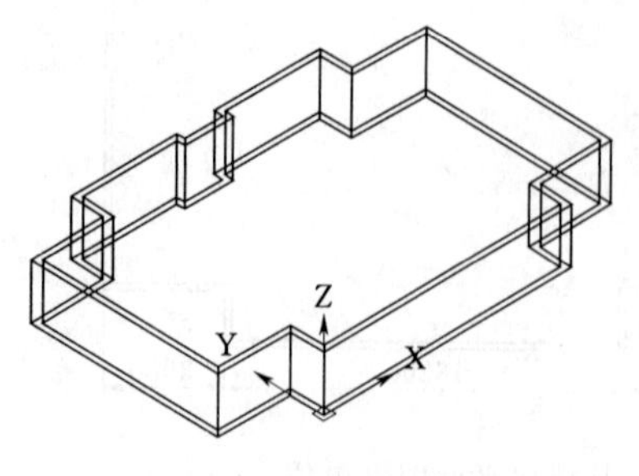

图 3-42　房屋三维初步造型图（1）

命令执行过程：

命令：_subtract 选择要从中减去的实体或面域…

选择对象：找到 1 个（选择由外墙线拉伸的实体）

选择要减去的实体或面域…

选择对象：找到 1 个（选择由内墙线拉伸的实体，回车确认，形成房屋三维初步造型（1），如图 3-42 所示）

（5）在门窗图层上，为房屋制作三维窗口。

1）首先在13200mm长的前墙体的长度方向上布置4个窗口。命令执行过程：

命令：_box（在当前的坐标系下，绘制三维窗口的长方体）

指定长方体的角点或［中心点（CE）］<0，0，0>：FRO（采用“捕捉自”确定长方体的角点）

基点：<偏移>：@1500，0，800（输入左边第一个窗口长方体的角点离坐标原点的相对距离）

指定角点或［立方体（C）/长度（L）］：L（采用分别输入长度、宽度、高度的方式）

指定长度：1800

指定宽度：240

指定高度：1200（回车确认，完成一个三维窗口的绘制）

命令：_array（采用“阵列”命令排列三维窗口，如图3-43所示）

选择对象：找到1个（选择所绘制的第一个窗口，回车确认，完成四个窗口的绘制）

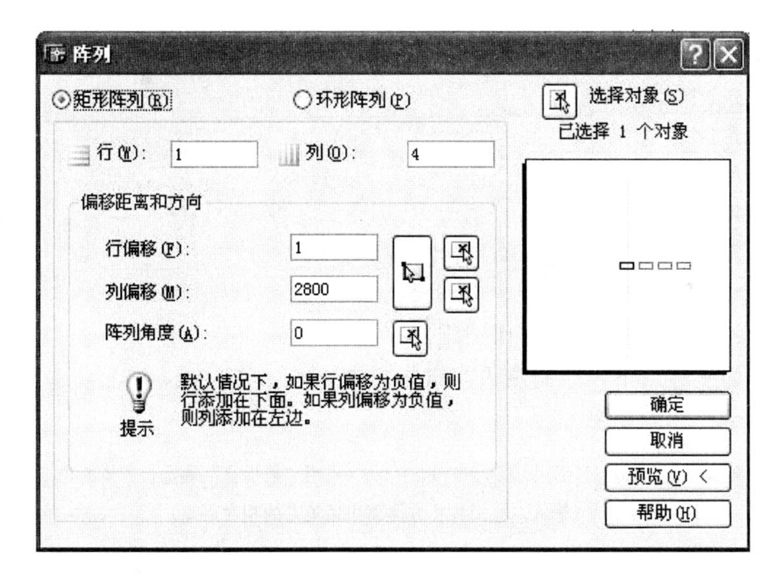

图3-43　“阵列”命令

在13200mm长的前墙体的长度方向上，按要求完成了窗口三维图形位置的定位和放置。

2）布置左边5600mm长的后墙体上的窗口。

命令执行过程：

命令：_box

指定长方体的角点或［中心点（CE）］<0，0，0>：FRO

基点：<偏移>：@1900，0，800（输入左边5600mm墙体上，窗口的左下角点与墙体左下角点的相对距离）

指定角点或［立方体（C）/长度（L）］：L

指定长度：1800

指定宽度：－240

指定高度：1200

3）布置右边5600mm长的后墙体上的窗口。

命令：_box

指定长方体的角点或［中心点（CE）］＜0，0，0＞：FRO

基点：＜偏移＞：@－1900，0，800（输入右边 5600mm 墙体上，窗口的右下角点与墙体右下角点的相对距离）

指定角点或［立方体（C）/长度（L）］：L

指定长度：－1800

指定宽度：－240

指定高度：1200

4）选择“差集”工具，将房屋和窗口形成三维实体。

命令：_subtract 选择要从中减去的实体或面域…

选择对象：找到 1 个（选择所绘制的“房屋三维初步造型（1）”）

选择要减去的实体或面域…

选择对象：找到 1 个，总计 1 个

选择对象：找到 1 个，总计 2 个

选择对象：找到 1 个，总计 3 个

选择对象：找到 1 个，总计 4 个

选择对象：找到 1 个，总计 5 个

选择对象：找到 1 个，总计 6 个（依次选择 6 个窗口，回车确认）

完成了 6 个窗口的定位和布置。

（6）在门窗图层上，为房屋制作三维门口。

1）在当前的坐标系下，绘制左边门口长方体。

命令：_box

指定长方体的角点或［中心点（CE）］＜0，0，0＞：fro（采用“捕捉自”确定长方体的角点）

基点：＜偏移＞：@800，0，0（输入左边门口长方体离边墙角点的相对距离）

指定角点或［立方体（C）/长度（L）］：L

指定长度：1200

指定宽度：240

指定高度：2000（回车确认，完成左边门口长方体的绘制）

2）在当前的坐标系下，绘制右边门口长方体。

命令：_box

指定长方体的角点或［中心点（CE）］＜0，0，0＞：fro

基点：＜偏移＞：@－800，0，0（输入右边门口长方体离边墙角点的相对距离）

指定角点或［立方体（C）/长度（L）］：L

指定长度：－1200

指定宽度：240

指定高度：2000（回车确认，完成右边门口长方体的绘制）

3）选择“差集”工具，将房屋和门口形成三维实体。

命令：_subtract 选择要从中减去的实体或面域…

选择对象：找到 1 个（选择所绘制的“房屋三维初步造型图（1）”）
选择要减去的实体或面域…
选择对象：找到 1 个
选择对象：找到 1 个，总计 2 个（选择左右两门口图，回车确认）

按要求完成了门口三维图形位置的定位和放置。

（7）在门窗图层上，绘制阳台及围栏三维图形。

阳台围栏为绘制两个长方体合并而成。

1）绘制左边阳台

命令：_ box（在当前的坐标系下，绘制左边阳台的第一个长方体）

指定长方体的角点或［中心点（CE）］<0，0，0>：（选择左端 10000mm 墙体和 3900mm 墙体的交点）
指定角点或［立方体（C）/长度（L）］：L
指定长度：240
指定宽度：－1800
指定高度：1200（回车确认，完成左边阳台的第一个长方体的绘制）

命令：_ box（在当前的坐标系下，绘制左边阳台的第二个长方体）

指定长方体的角点或［中心点（CE）］<0，0，0>（选择左边阳台第一个长方体左边的外下角点）
指定角点或［立方体（C）/长度（L）］：L
指定长度：3900
指定宽度：240
指定高度：1200（回车确认，完成左边阳台的第二个长方体的绘制）

2）绘制右边阳台

命令：_ box（在当前的坐标系下，绘制右边阳台的第一个长方体）

指定长方体的角点或［中心点（CE）］<0，0，0>：（选择右端 10000mm 墙体和 3900mm 墙体的交点）
指定角点或［立方体（C）/长度（L）］：L
指定长度：－240
指定宽度：－1800
指定高度：1200（回车确认，完成右边阳台的第一个长方体的绘制）

命令：_ box（在当前的坐标系下，绘制右边阳台的第二个长方体）

指定长方体的角点或［中心点（CE）］<0，0，0>：（选择右边阳台第一个长方体右边的外下角点）
指定角点或［立方体（C）/长度（L）］：L
指定长度：－3900
指定宽度：240
指定高度：1200

3）将所绘制的房屋三维初步造型图和阳台的 4 个长方体合并。

命令：_ union

选择对象：找到 1 个
选择对象：找到 1 个，总计 2 个

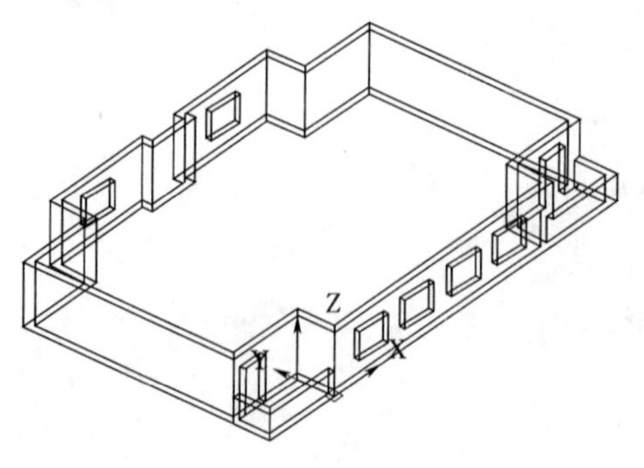

图 3-44　房屋三维初步造型图（2）

选择对象：找到 1 个，总计 3 个
选择对象：找到 1 个，总计 4 个
选择对象：找到 1 个，总计 5 个（回车确认）

如图 3-44 所示，房屋三维初步造型图（2）。

（8）绘制三维楼板图形。

应用前面所绘制的“平面图”文件，在楼板图层上采用“多段线”工具，根据房屋三维初步造型图（2），在墙体底部绘制楼板平面图形。

命令：_ pline（绘制 200mm 厚楼板线）

指定起点：（在屏幕上指定左边 10000mm 墙体上端点为楼板线的起点）
指定下一个点或 [圆弧（A）/半宽（H）/长度（L）/放弃（U）/宽度（W）]：11800
指定下一个点或 [圆弧（A）/闭合（C）/半宽（H）/长度（L）/放弃（U）/宽度（W）]：21000
指定下一个点或 [圆弧（A）/闭合（C）/半宽（H）/长度（L）/放弃（U）/宽度（W）]：11800
……，沿着后墙体线，绘制至起点结束。
在当前的坐标系下将楼板线拉伸为三维实体（厚度 200mm）。命令执行过程：

命令：_ extrude

当前线框密度：ISOLINES=4
选择对象：找到 1 个（选择采用“多段线”工具，绘制的楼板线）
指定拉伸高度或 [路径（P）]：－200
指定拉伸的倾斜角度<0>：（回车确认，完成楼板三维图形的绘制）

命令：_ union（房屋三维初步造型图（2）和楼板三维图形合并）

选择对象：找到 1 个
选择对象：找到 1 个，总计 2 个（回车确认，完成房屋三维初步造型图（3），如图 3-45 所示的绘制）

（9）采用“多个复制”，或“阵列”的工具，完成房屋三维造型图（4）设计，如图 3-46 所示。

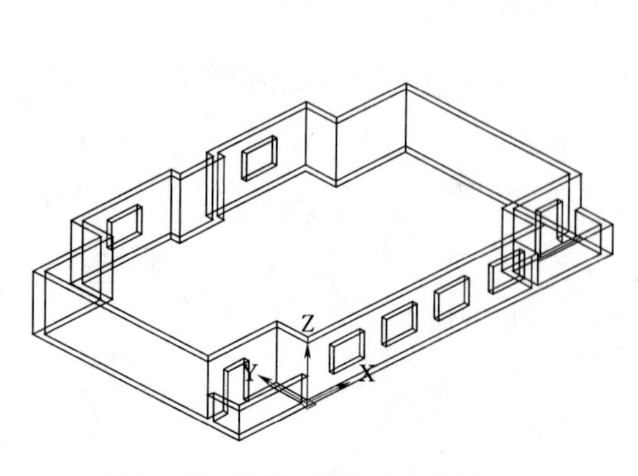

图 3-45　房屋三维初步造型图（3）

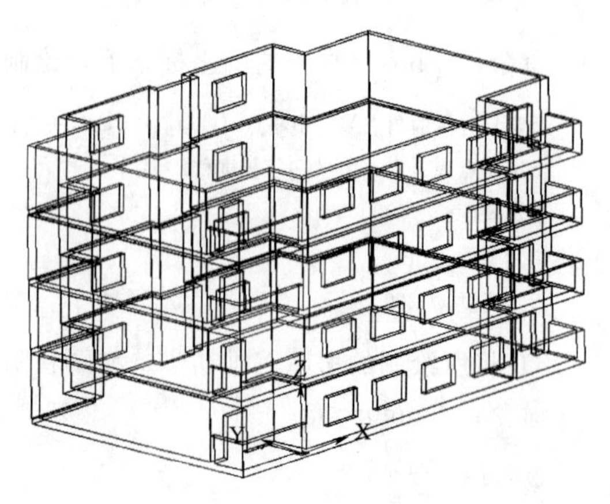

图 3-46　房屋三维造型图（4）

（10）绘制屋面及屋面顶围栏。

根据基本设计资料，屋面厚度 200mm，屋面顶围栏高 1200mm。

应用前面在平面图层上所绘制的“平面图”文件，在房顶层图层上，以“平面图”为基础绘制屋面及屋面顶围栏图，命令执行过程：

命令：_pline（绘制 200mm 厚屋面）

指定起点：（在屏幕上指定左边 10000mm 墙体上端点为屋面线的起点）
指定下一个点或［圆弧（A）/半宽（H）/长度（L）/放弃（U）/宽度（W）］：11800
指定下一个点或［圆弧（A）/闭合（C）/半宽（H）/长度（L）/放弃（U）/宽度（W）］：21000
指定下一个点或［圆弧（A）/闭合（C）/半宽（H）/长度（L）/放弃（U）/宽度（W）］：11800
……，沿着后墙体线，绘制至起点结束。

命令：_pline（绘制屋面顶围栏外墙线）

指定起点：（在屏幕上指定屋面顶围栏的起点）
指定下一个点或［圆弧（A）/半宽（H）/长度（L）/放弃（U）/宽度（W）］：（沿平面图外墙边缘绘制屋面顶围栏外墙线）

完成屋面图及屋面顶围栏处墙线绘制后，可以关闭“平面图”图层。

命令：_offset（对屋面顶围栏外墙线进行偏移，得到围栏内墙线）

指定偏移距离或［通过（T）］＜通过＞：240（输入偏移距离）
选择要偏移的对象或＜退出＞：（选择屋面顶围栏外墙线）
指定点以确定偏移所在一侧：（向屋面顶围栏外墙线内部指定一点，完成屋面顶围栏内墙线绘制）

命令：_－view

输入选项［?/正交（O）/删除（D）/恢复（R）/保存（S）/UCS（U）/窗口（W）］：_swiso（改变三维视图方向）

命令：_extrude（将屋面顶围栏外墙线拉伸）

当前线框密度：ISOLINES=4
选择对象：找到 1 个（选择屋面顶围栏外墙线）
指定拉伸高度或［路径（P）］：1200
指定拉伸的倾斜角度＜0＞：（回车确认，完成屋面顶围栏外墙线的拉伸）

命令：_extrude（将屋面顶围栏内墙线拉伸）

当前线框密度：ISOLINES=4
选择对象：找到 1 个（选择屋面顶围栏内墙线）
指定拉伸高度或［路径（P）］：1200
指定拉伸的倾斜角度＜0＞：（回车确认，完成屋面顶围栏内墙线的拉伸）

命令：_subtract 选择要从中减去的实体或面域…

选择对象：找到 1 个（选择屋面顶围栏外墙线的拉伸实体）
选择要减去的实体或面域…
选择对象：找到 1 个（选择屋面顶围栏内墙线的拉伸实体，回车确认，完成屋面顶围栏的绘制）

命令：_extrude（将屋面线进行拉伸）

当前线框密度：ISOLINES=4

选择对象：找到1个（选择屋面线）

指定拉伸高度或[路径（P）]：－200（将屋面线向屋面顶围栏线的反方向拉伸）

指定拉伸的倾斜角度<0>：（回车确认，完成屋面的绘制）

命令：_union（将屋面和屋面顶围栏合并）

选择对象：找到1个

选择对象：找到1个，总计2个（回车确认，完成屋面和屋面顶围栏的合并）

再将屋面和屋面顶围栏复制或者移动到房屋三维造型图（4）的顶部，进行实体的合并，即完成房屋三维造型图的绘制，如图3-47所示。

（11）将房屋三维造型图形制作成二维图片（.jpg），插入AutoCAD系统界面。

首先在图形界面上选择好三维观察视角，使房屋三维造型图制作成图片后，表达正确、线条清晰。将二维图片插入到AutoCAD系统界面上后，再插入图框图块，如附图-4所示。

例5：某建筑小品廊桥如图3-48所示，试绘制该廊桥三维图形。

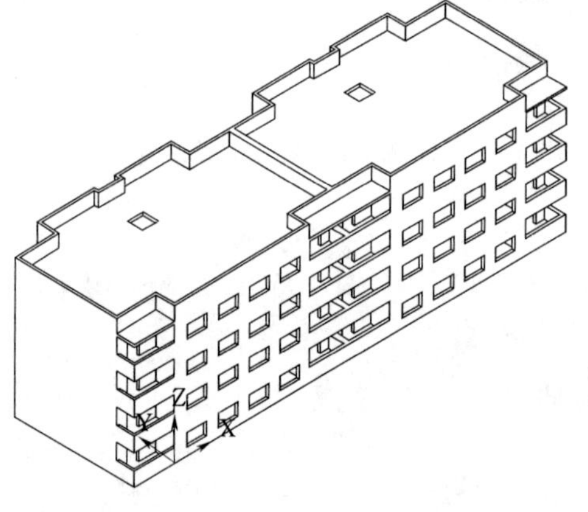

图3-47　房屋三维造型图

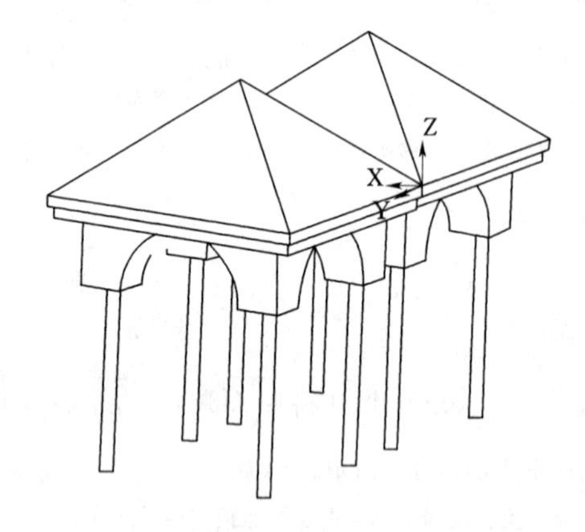

图3-48　建筑小品廊桥

基本设计资料：

（1）廊桥拱顶顶部由三个长方体和顶部棱锥面组成，三个长方体的尺寸从上向下分别为：4980mm×4980mm×200mm，4490mm×4490mm×200mm，4000mm×4000mm×1500mm；顶部棱锥面的顶点至上面第一个长方体顶面的高度2000mm。

（2）位于第三个长方体内，有两个互相垂直相交的半圆柱体，半径1200mm。

（3）四个与地面相连的圆柱柱体的半径180mm，高度3300mm。

绘制步骤如下：

（1）绘制廊桥顶部三个长方体。

命令：_rectang（在世界坐标系下，绘制第一个长方体的矩形）

指定第一个角点或[倒角（C）/标高（E）/圆角（F）/厚度（T）/宽度（W）]：0，0

指定另一个角点或［尺寸（D)］：D

指定矩形的长度＜4980.0000＞：

指定矩形的宽度＜4980.0000＞：

命令：_offset（向第一个长方体的矩形内偏移，绘制出第二个长方体的矩形及第三个长方体的矩形）

指定偏移距离或［通过（T)］＜0.0000＞：490（向第一个长方体的矩形内偏移490，绘制出第二个长方体的矩形）

指定偏移距离或［通过（T)］＜0.0000＞：490（向第二个长方体的矩形内偏移490，绘制出第三个长方体的矩形）

指定拉伸高度或［路径（P)］：200（沿Z轴正方向拉伸）

指定拉伸的倾斜角度＜0＞：（回车确认，完成第一个长方体的绘制）

指定拉伸高度或［路径（P)］：－200（沿Z轴负方向拉伸）

指定拉伸的倾斜角度＜0＞：（回车确认，完成第二个长方体的绘制）

指定拉伸高度或［路径（P)］：－1700（沿Z轴负方向拉伸）

指定拉伸的倾斜角度＜0＞：（回车确认，完成第三个长方体的绘制）

选择“并集”工具将三个长方体合并，如图3－49所示的廊桥初步造型（1）。

（2）绘制位于第三个长方体内两个互相垂直相交的半圆柱体。

1）在第三个长方体的一个侧平面上绘制一个圆柱体。

命令：ucs（变换坐标系，将XY平面变换到第三个长方体的一个侧平面上，以便绘制半圆柱体）

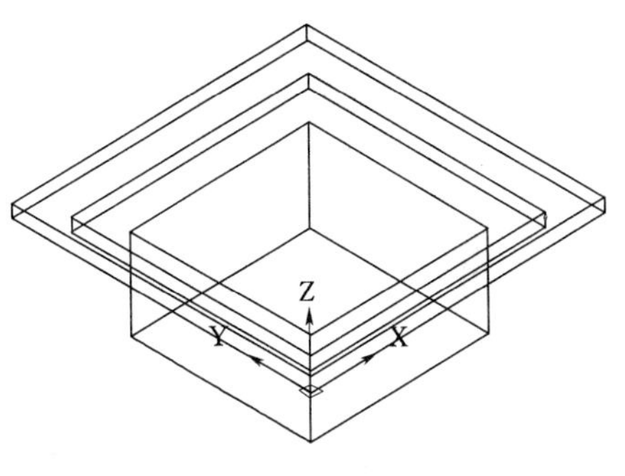

图3－49　廊桥初步造型（1）

［新建（N）/移动（M）/正交（G）/上一个（P）/恢复（R）/保存（S）/删除（D）/应用（A）/?/世界（W)］

＜世界＞：n（新建坐标系）

指定新UCS的原点或［Z轴（ZA）/三点（3）/对象（OB）/面（F）/视图（V）/X/Y/Z］＜0，0，0＞：3（采用三点新建坐标系的方式）

指定新原点＜0，0，0＞：（在屏幕上指定第三个长方体上一个侧平面的一个角点）

在正X轴范围上指定点＜1.0000，0.0000，3020.0000＞：（沿X轴正向上指定一点）

在UCS XY平面的正Y轴范围上指定点＜0.0000，1.0000，3020.0000＞：（沿Y轴正向上指定一点，完成新建坐标系，如图3－50所示）

命令：_circle

指定圆的圆心或［三点（3P）/两点（2P）/相切、相切、半径（T)］：（采用先绘制平面圆，再拉伸成圆柱体的方式。指定第三个长方体上一个侧平面下边界中点为圆的圆心）

指定圆的半径或［直径（D)］＜1200.0000＞：1200（输入圆的半径值）

命令：_extrude（将所绘制的圆拉伸成圆柱体）

当前线框密度：ISOLINES=4
选择对象：找到 1 个
指定拉伸高度或 [路径 (P)]：4000（输入拉伸高度）
指定拉伸的倾斜角度<0>：（回车确认，完成一个圆柱体的绘制）

同样的方法完成另一个圆柱体的绘制。

2）采用“差集”工具，在第三个长方体中减去圆柱体体积。

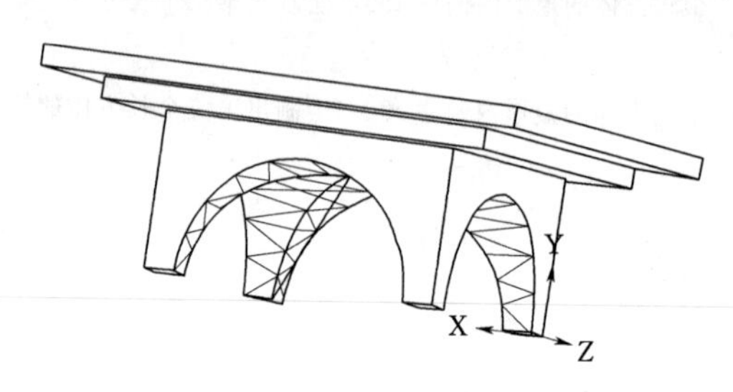

图 3-50　廊桥初步造型（2）

命令：_subtract 选择要从中减去的实体或面域…

选择对象：找到 1 个（选择“廊桥初步造型（1）”）
选择要减去的实体或面域…
选择对象：找到 1 个
选择对象：找到 1 个，总计 2 个（选择所绘制的两个互相垂直相交的圆柱体，回车确认，完成廊桥初步造型（2），如图 3-50 所示）

（3）绘制四个圆柱体。

廊桥初步造型（2），形成了四个底平面，如图 3-51 所示，每个底平面连接一个圆柱体，作为廊桥与地面的支撑。

命令：ucs（变换坐标系，将 XY 平面变换到第三个长方体的四个侧平面（前、后、左、右）中的任意一个侧平面上，以便绘制圆柱体）

[新建 (N) /移动 (M) /正交 (G) /上一个 (P) /恢复 (R) /保存 (S) /删除 (D) /应用 (A) /? /世界 (W)]
<世界>：3（采用三点新建坐标系的方式）
指定新原点<0，0，0>：（指定一个底平面的角点为新建坐标系的原点）
在正 X 轴范围上指定点<1.0000，0.0000，0.0000>：
在 UCS XY 平面的正 Y 轴范围上指定点<0.0000，1.0000，0.0000>：（完成新建坐标系）

在底平面的四条边上绘制两条互相垂直的直线，其交点为圆柱体的圆心。

命令：_cylinder

当前线框密度：ISOLINES=4
指定圆柱体底面的中心点或 [椭圆 (E)] <0，0，0>：（指定底平面上两条互相垂直的直线交点为圆柱体的圆心）
指定圆柱体底面的半径或 [直径 (D)]：180（输入圆柱体底面的半径）
指定圆柱体高度或 [另一个圆心 (C)]：3300（输入圆柱体高度，回车确认，完成一个圆柱体的绘制）

同样的方法，完成其他三个圆柱体的绘制，如图 3-51 所示。

（4）绘制顶部棱锥体面。

命令：UCS（建立新坐标系，将 XY 平面与第一个长方体的上平面平行）

[新建 (N) /移动 (M) /正交 (G) /上一个 (P) /恢复 (R) /保存 (S) /删除 (D) /应用 (A) /? /世界 (W)]
<世界>：N

指定新 UCS 的原点或［Z 轴（ZA）/三点（3）/对象（OB）/面（F）/视图（V）/X/Y/Z］＜0，0，0＞：3
指定新原点＜0，0，0＞：
在正 X 轴范围上指定点：（沿 X 轴正向指定一个点）
在 UCS XY 平面的正 Y 轴范围上指定点：（沿 Y 轴正向指定一个点，完成坐标系的变换）

命令：_ai_pyramid

指定棱锥面底面的第一角点：（在屏幕上指定第一个长方体的上平面的一个角点）
指定棱锥面底面的第二角点：
指定棱锥面底面的第三角点：
指定棱锥面底面的第四角点或［四面体（T）］：（依次指定第一个长方体的上平面的四个角点）
指定棱锥面的顶点或［棱（R）/顶面（T）］：2464，2464，2000（输入棱锥面的顶点坐标，回车确认，完成一个廊桥绘制）

根据需要可复制数个廊桥连接成建筑装饰小品，如图 3－48 所示。

例 6：创建拱坝三维线框模型。

根据第一节二维图形绘制示例中，例 12 题绘制的拱坝平面布置图和三维线框模型创建的原理，可以将该平面图修改为拱坝三维线框模型，有助于用户观察所绘制的拱坝的体形及坝基面的形状。

绘制要点：

（1）分层绘制出拱坝的各层拱圈平面布置图，如图 3－30 所示。

（2）分别改变各层拱圈及对应等高线相应的 Z 坐标。

根据各层拱圈及对应等高线的高程，分别选择各层拱圈及对应等高线，在“对象特性对话框”，如图 3－52 所示中改变其 Z 坐标与其对应的高程一致。

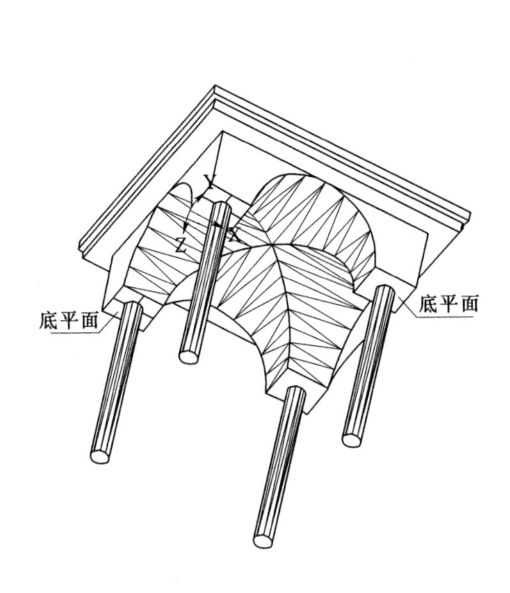

图 3－51　廊桥初步造型（3）

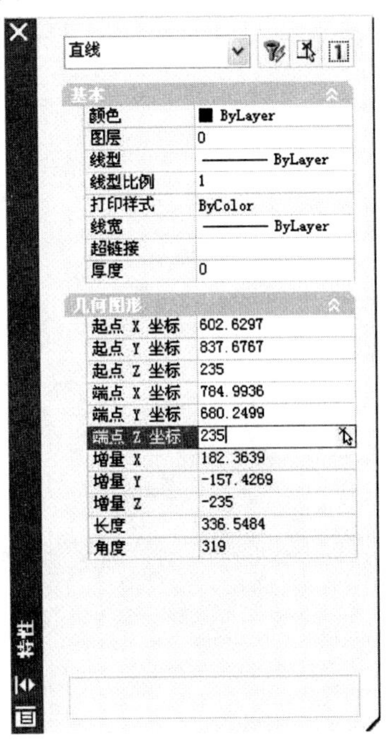

图 3－52　对象特性对话框

(3) 改变视图方向，可以观察拱坝三维线框模型，并将整个高程拱圈的上下游端点连接起来，形成坝基面（图3-53）。

拱坝的三维线框模型有助于帮助用户观察所所绘制拱坝的体形及坝基面形状。

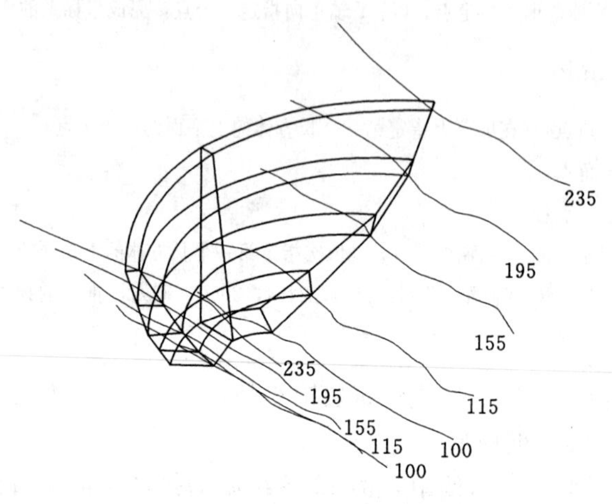

图3-53 拱坝的三维线框模型

附　录

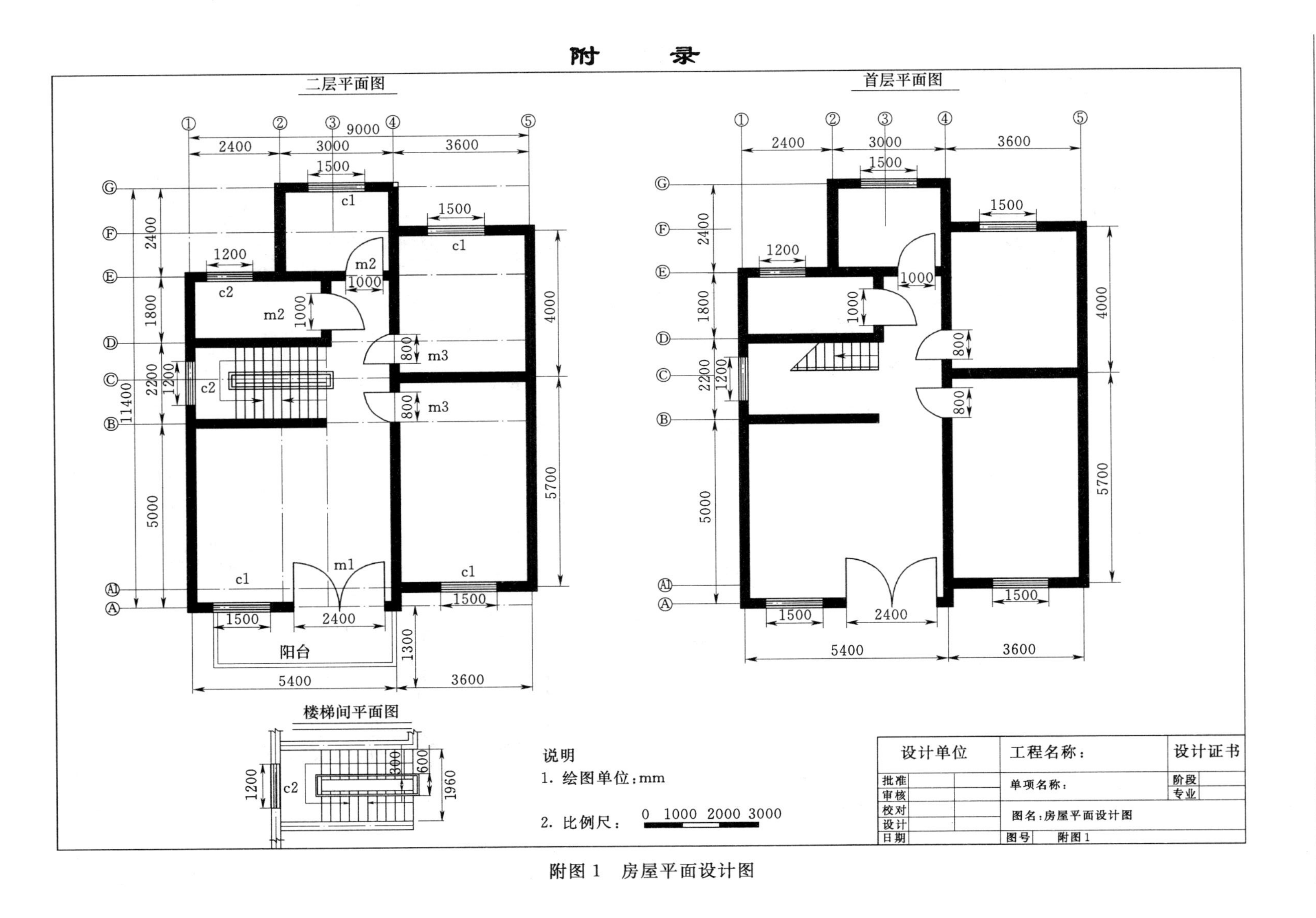

附图 1　房屋平面设计图

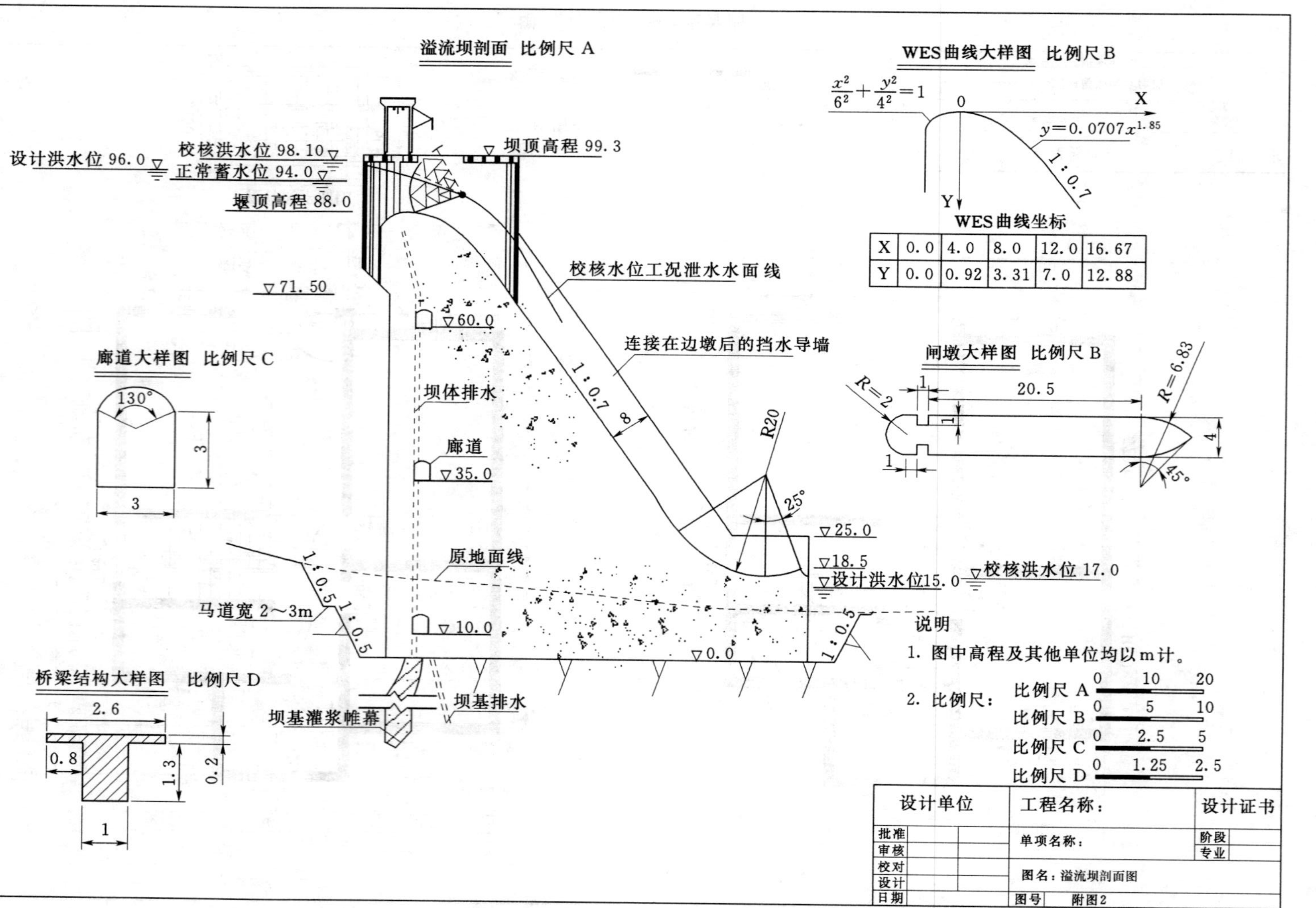

X	0.0	4.0	8.0	12.0	16.67
Y	0.0	0.92	3.31	7.0	12.88

附图 2　溢流坝剖面图

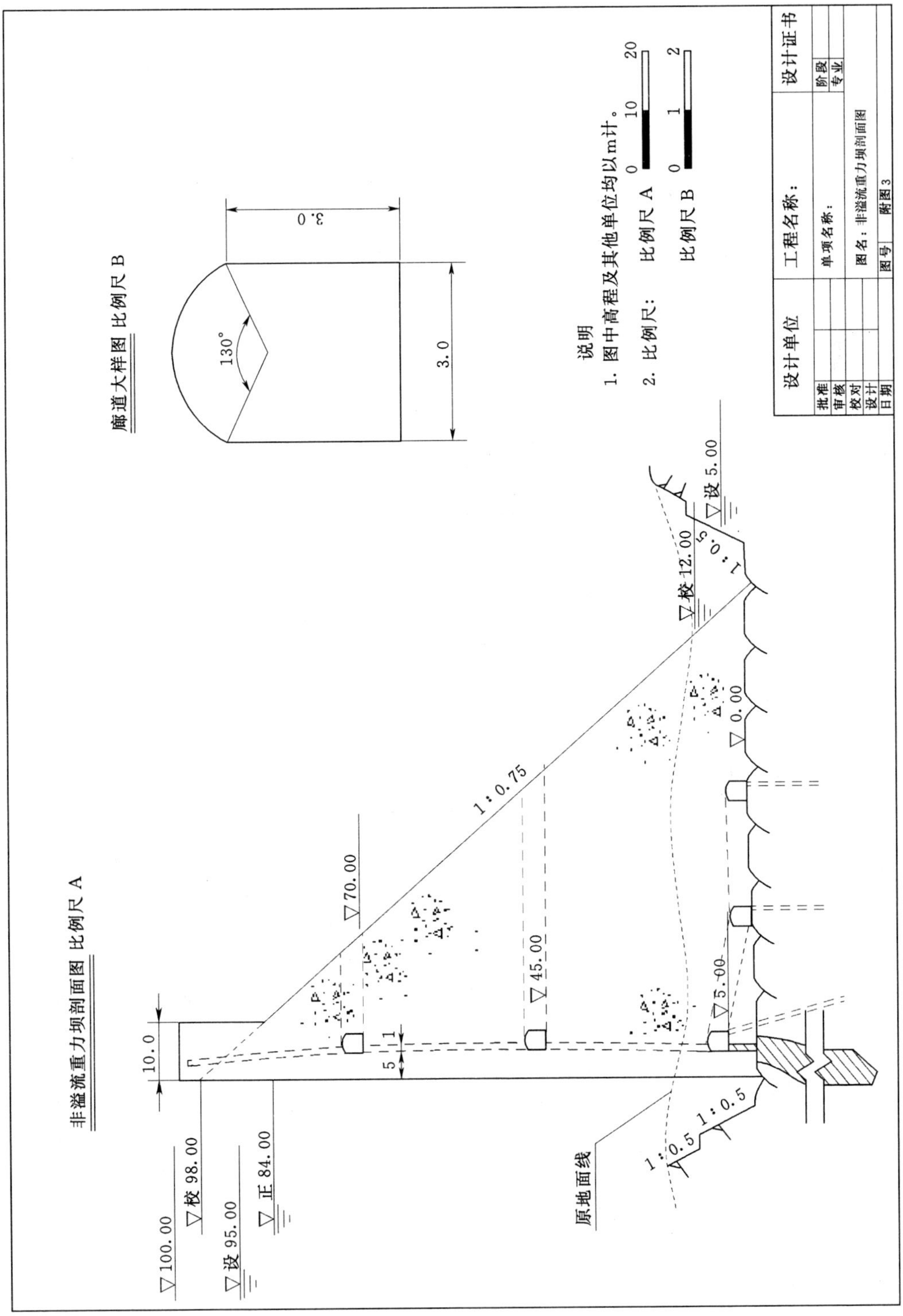

设计单位		工程名称：	设计证书
批准		单项名称：	阶段
审核			专业
校对		图名：非溢流重力坝剖面图	
设计			
日期		图号　附图 3	

附图 3　非溢流重力坝剖面图

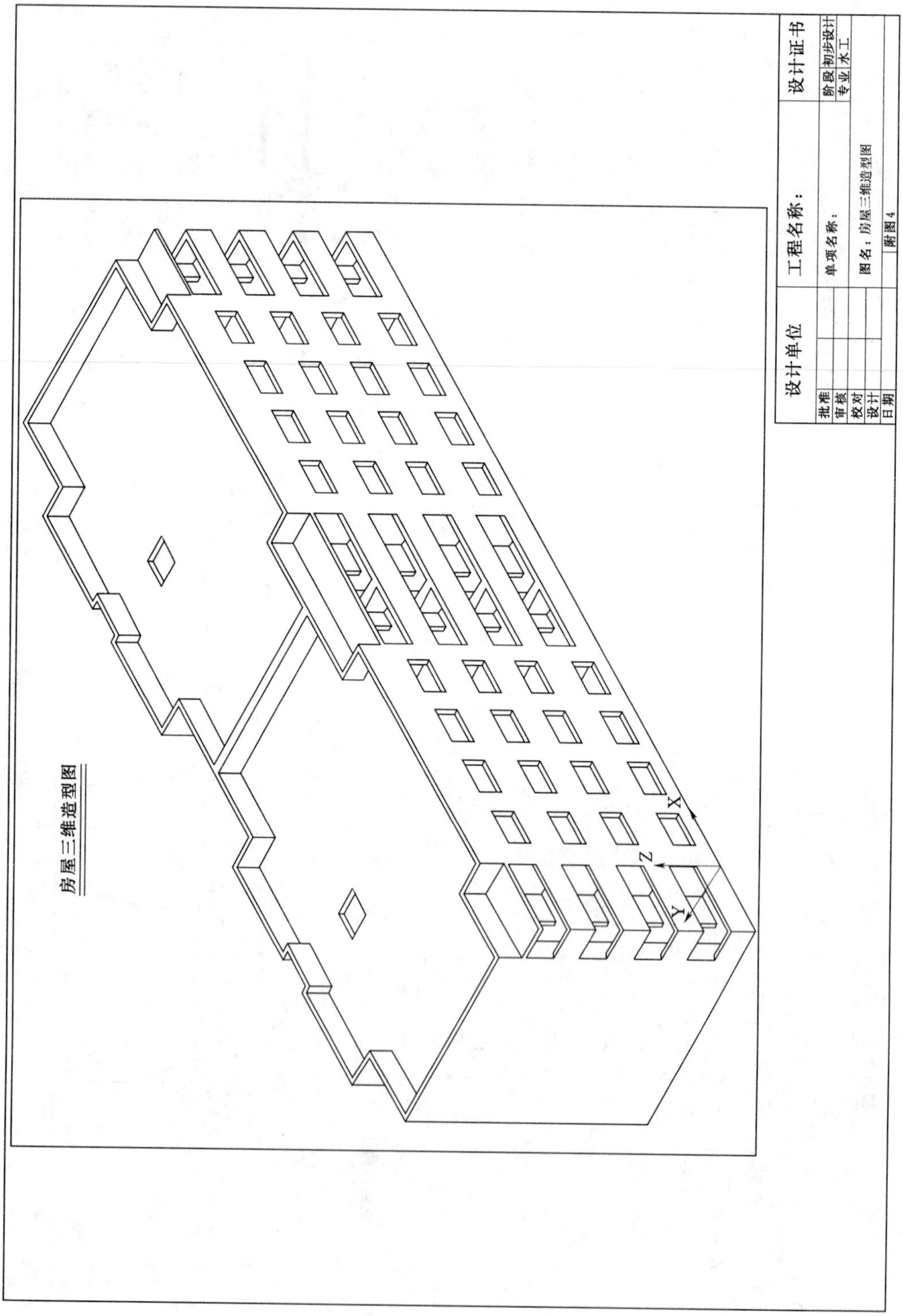

房屋三维造型图

Z
Y
X

设计单位		工程名称：	设计证书	
批准		单项名称：	阶段	初步设计
审核			专业	水工
校对		图名：房屋三维造型图		
设计				
日期		附图 4		

附图 4　房屋三维造型图